Die

Geschäfts- und Bauführung

im Anschluß an die

Dienstanweisung für die Lokalbaubeamten

sowie das

Baupolizeirecht

und

die für den Bautechniker wichtigsten Bestimmungen

des

Bürgerlichen Gesetzbuches.

Handbuch und Lehrbuch

für

Baubeamte, Architekten, Baugewerksmeister, Baugewerks- und Tiefbauschulen.

Von

G. Benkwitz,

Baumeister.

Zweite, gänzlich neubearbeitete Auflage.

Springer-Verlag Berlin Heidelberg GmbH 1902

ISBN 978-3-662-32404-2 ISBN 978-3-662-33231-3 (eBook)
DOI 10.1007/978-3-662-33231-3

Pierer'sche Hofbuchdruckerei Stephan Geibel & Co. in Altenburg

Vorwort.

Die Baugewerkschulen in ihrer heutigen Ausgestaltung verfolgen der Hauptsache nach einen zweifachen Zweck. Sie wollen dem Bautechniker diejenigen Kenntnisse und zeichnerischen Fertigkeiten verschaffen, welche zur selbständigen Ausübung des Berufes als künftiger Baugewerksmeister erforderlich sind. Außerdem aber ist der gesamte Unterricht derart geregelt, daß die Schüler auch für die Übernahme von Stellungen in der Bauverwaltung ausreichend vorbereitet werden.

Nachdem an einer größeren Anzahl von Baugewerkschulen Tiefbauabteilungen errichtet worden sind, und nachdem die Behörden denjenigen Bautechnikern, welche die Abgangsprüfung an den anerkannten Baugewerkschulen bestanden haben, besondere Vergünstigungen gewähren und für die Absolventen auskömmliche, zum Teil pensionsberechtigte Stellungen geschaffen haben, werden, wie dies in der Prüfungsordnung an Baugewerkschulen zum Ausdruck gebracht ist, weitergehende Kenntnisse in der Bau- und Geschäftsführung gefordert.

Die Dienstanweisung für die Lokalbaubeamten der Hochbauverwaltung muß den in den Baubureaus Beschäftigten bekannt sein, wenn sie eine nutzbringende Tätigkeit entfalten und sich eine feste Lebensstellung erringen wollen. Diese Dienstanweisung, welche dem ersten Teil zu Grunde gelegt ist, enthält in ihren verschiedenen Abschnitten, insbesondere mit Bezug auf die Vorbereitung der Bauten und die allgemeinen und besonderen Bestimmungen über die Bauausführung eine so große Anzahl wichtiger Hinweise auf die der heutigen Technik entsprechenden Ausführungsarten, daß die Kenntnis derselben auch jedem außerhalb der Schule stehenden und werktätig schaffenden Techniker unbedingt nötig ist.

Die ordnungsmäßige Führung der Registratur, die Benutzung der für die verschiedensten Vorkommnisse vorgesehenen, äußerst über-

*

sichtlichen Formulare ist nicht nur Sache des Baubeamten, sondern auch jedes Inhabers eines Baugeschäftes. Unter der Unkenntnis hinsichtlich einer geregelten Geschäftsführung leidet die Entwicklung des Baugeschäftes. Der Baubeamte aber ist zur Ausfüllung einer ihm übertragenen und in allen Fällen verantwortungsvollen amtlichen Stellung untauglich, wenn er mit der Bau- und Geschäftsführung nicht völlig vertraut ist.

Da weder ein Vorlesen noch ein Diktieren des reichhaltigen Stoffes im Unterricht einen nennenswerten Erfolg versprechen, da es vielmehr darauf ankommt, auf Grund gegebener Bestimmungen durch Übungen zur Beherrschung des Stoffes zu gelangen, so ist zu erwarten, daß das vorliegende, in gänzlich umgearbeiteter Neuauflage erschienene Buch an Baugewerkschulen und gewerblichen Fachschulen eingeführt werden und sich ebenso Eingang verschaffen wird, wie das bereits in sechster Auflage erschienene Werkchen des Verfassers: „Das Veranschlagen von Hochbauten".

Dem zweiten Teile, der das „Baupolizeirecht" behandelt, sind alle diejenigen allgemeinen Bestimmungen des Bürgerlichen Gesetzbuches vorangestellt, welche der dem Baufach Angehörende kennen muß, gleichviel, ob er als Baubeamter eine Lebensstellung einnimmt, oder ob er sich durch Bauausführungen als Baugewerksmeister seinen Unterhalt erwirbt.

Die Baupolizeiordnungen sind in den Städten und auf dem Lande so verschiedenartige und zumeist den lokalen Verhältnissen angepaßte, daß allerorts gültige Vorschriften nicht gegeben werden können. Es sind daher nur die allgemein gültigen oder beachtenswerten Bestimmungen zusammengestellt worden.

Benutzte Literatur: Die Dienstanweisung für die Lokalbaubeamten der Hochbauverwaltung; Baupolizeirecht von Dr. jur. Constanz Baltz.

Der Verlagsbuchhandlung spreche ich meinen Dank aus für die schnelle Herausgabe der neuen Auflage, welche alle neueren Verfügungen, Bestimmungen und Gesetze enthält, soweit sich diese auf den behandelten Stoff beziehen.

August 1902.

G. Benkwitz.

Inhaltsverzeichnis.

Erster Teil. Geschäfts- und Bauführung.

Zweiter Teil. Das Baupolizeirecht.

Inhaltsverzeichnis.

*

Seite

Zweites Kapitel.

Geschichte der Begriffe Suzeränität und Halbsouveränität.

Erster Abschnitt.

Begriffliche Entwickelung der Worte „suzerän“ und „Suzeränität“.

Zweiter Abschnitt.

Begriffliche Entwickelung des Wortes „Halbsouveränität“.

Zweiter Teil.

Dogmatik der Halbsouveränität.

Erstes Kapitel.

Begründung der Halbsouveränität.

Zweites Kapitel.

Abgrenzung von den anderen Abhängigkeitsverhältnissen.

Drittes Kapitel.

Wirkungen.

Erster Abschnitt.

Nach innen.

Abkürzungen.

Arch. dipl. = Archives diplomatiques, Recueil mensuel de diplomatie et d'histoire (seit 1861; 2. Serie seit 1880 herausgegeben von L. Renault).

Martens, R. = Recueil des principaux traités etc. etc. depuis 1761, jusqu'à nos jours (1801), 8 vol. 2ème edition.

Martens, N. R. = Nouveau recueil, 16 volumes.

Martens, N. R. G. = Nouveau recueil général, 20 volumes.

Martens-Samwer = Nouveau recueil général de Traités, 2ème Série 1876 sq.

R. D. J. = Revue de droit international.

R. G. D. J. = Revue générale de droit international public.

St. A. = Staatsarchiv, begr. von Aegidi und Klauhold.

Erster Teil.

Die Geschäfts- und Bauführung

im Anschluß an die Dienstanweisung für die Lokalbaubeamten der Staats-Hochbauverwaltung.

A. Die Geschäftsführung.

Die Registratur.

Man bezeichnet mit Registratur (vom lat. regesta Verzeichnis) den Dienstzweig einer Behörde oder Verwaltung, bei der die Schriftstücke, Gesuche, Eingaben, Verfügungen u. s. w., soweit sie an die Behörde gelangen, eingetragen, gebucht (registriert) werden. Alle diese Schriftstücke haben die Bezeichnung „Eingänge" (Sachen). Sie werden je nach ihrem Inhalt geordnet und bearbeitet, wie man sagt: „in den Geschäftsgang gegeben". Beziehen sich die Schriftstücke auf bereits früher eingegangene, so sind sie den „Vorgängen" zugehörig.

Bevor die Schriftstücke in den Geschäftsgang gebracht werden, ist ein entsprechender Vermerk in dem Eingangsbuch (Tagebuch, Journal) zu machen. Nach Erledigung werden die Schriftstücke in die entsprechenden Akten geheftet.

Die Einrichtung der Registratur muß ein schnelles und sicheres Auffinden aller Schriftstücke ermöglichen.

Schriftstücke, welche den Eingängen beigefügt sind, desgl. Zeichnungen u. a. sind **„Anlagen"**. Unter dem Eingangsvermerk sind die Anlagen anzugeben, z. B.:

Eingegangen 14. II/02 eine Zeichnung oder
Eingegangen 24. III/02, 4 Anlagen.

Sachen, welche eine schleunige Erledigung erfordern, sind von der Behörde bezeichnet mit: „Eilt“, „Eilt sehr“, „Sofort“ oder „Sofort noch heute“.

Hinsichtlich der Akten ist zu bemerken: Die von den Verwaltungsbehörden zu behandelnden Schriftstücke werden in Deckel (Hefte, Akten) eingeheftet. Es werden unterschieden:

Generalakten. Sie enthalten alle über einen bestimmten Gegenstand oder über eine den Aufgaben der Verwaltungsbehörde entsprechende Einrichtung vorhandenen Gesetze, Vorschriften, Verfügungen, Verhandlungen allgemeinen Inhalts und

Spezialakten für Sachen besonderer Art (Gesuche, Beschwerden, Anzeigen u. s. w.), also für Sachen nicht allgemeinen Inhalts.

Alle Akten sind mit einer großen und deutlichen Aufschrift zu versehen. Die Aktendeckel müssen von dauerhaftem Material sein und erhalten vor dem Einheften der Schriftstücke einen den Deckel verstärkenden Rückenstreifen.

Spezialakten sind insbesondere anzulegen:

1. für jede größere Bauausführung,
2. für jedes der Aufsicht des Lokalbaubeamten unterstelltes Gebäude,
3. für bautechnische Aufträge, welche nicht eines der unter 1 oder 2 bezeichneten Gebäude betreffen,
4. für gerichtliche Vorlagen und Gutachten,
5. für die regelmäßigen Rapporte,
6. für jeden dem Lokalbaubeamten unterstellten Beamten u. s. w.

Beispiel:

Akten

der Königl. Bauinspektion

in . . . .

betreffend

Bauten auf der Domäne

. . . .

Angefangen den . . . .

Geschlossen den . . . .

Hat ein Aktenstück mehr als 200 Seiten, so ist ein neues anzulegen. (Bezeichnung B 1, B 2 u. s. w.)

Die laufenden Nummern auf den Aktendeckeln entsprechen den Nummern des Aktenverzeichnisses (Repertoriums).

Jedem Aktenstück ist ein Inhaltsverzeichnis beizufügen.

Grundzüge zu Anordnungen über den Geschäftsverkehr.

Die Schreibweise der Behörden soll sich durch Knappheit und Klarheit auszeichnen und sich an die allgemein übliche Verkehrssprache anschließen.

Höflichkeitswendungen sind tunlichst einzuschränken. Sie müssen dem Taktgefühl überlassen bleiben. Über Ausdrücke „gehorsamst, ergebenst, geneigtest, gefälligst" geht man nicht hinaus. Sie können auch ebenso wie die Höflichkeitswendungen „Hochgeboren" oder „Hochwohlgeboren" fortfallen („Wohlgeboren" ist überhaupt nicht anzuwenden).

Zu vermeiden sind ferner Häufungen und Steigerungen, wie z. B. „beehre mich ergebenst, ganz ergebenst, sehr gehorsamst" u. a., ebenso die Anwendung der Anreden „Hochwohlgeboren, Hochgeboren, Excellenz u. s. w." Sie sind durch die entsprechenden Fürworte zu ersetzen. Hinsichtlich der Form der Schriftstücke ist festzuhalten, daß alle Berichte, Verfügungen und Schreiben auf der ersten Seite oben rechts die Angabe des Ortes und der Zeit, oben links die Amtsbezeichnung der schreibenden Behörde, darunter die Geschäftsnummer, sodann eine kurze Inhaltsangabe tragen. Bei Anlagen ist deren Zahl anzugeben. Die Adresse soll sich unten links befinden. Fortzulassen ist im Schriftstücke selbst das in der Inhaltsangabe bereits Angegebene, die Eingangsformel, der sogenannte Ergebenheitsstrich, die Wiederholung der bereits angegebenen Amtsbezeichnung der schreibenden Behörde. Schriftstücke, welche mehr als 4 Seiten enthalten, müssen mit Blatt- oder Seitenzahlen versehen sein.

Beifügung von Anlagen. Die Anlagen müssen, sofern es für die geschäftliche Behandlung wünschenswert erscheint, zu Heften vereinigt werden.

Lose Anlagen und Anlagehefte erhalten nach Bedürfnis die Geschäftsnummer des Schriftstückes, dem sie zugehören, mit einem

Zeichen (z. B. I, II, III oder A, B, C). Sie sind ferner mit Blatt- und Seitenzahlen zu versehen.

Wird auf Anlagen Bezug genommen, so genügt zumeist die Angabe des Zeichens und der Seite, z. B. nach Anlage A. S. 3 ist....

Form der Berichte. In der Regel sind Berichte auf den ersten drei Seiten in halber, von da ab in 3/4 Breite des Bogens zu schreiben. Wird in dem Berichte ein Antrag gestellt, so ist dieser äußerlich durch Zurücksetzen des Inhalts hervorzuheben, beziehungsweise dem Bericht voranzustellen. (Amtliche Schriftstücke an die vorgesetzte Behörde heißen „Berichte".)

Alle Berichte sind tunlichst kurz zu fassen. Jede Eingangsformel ist zu vermeiden und sogleich mit der Sachdarstellung zu beginnen. Sogenannte Höflichkeitswendungen sind auf das geringste Maß, und zwar auf die Ausdrücke gehorsamst und geneigtest zu beschränken. Häufige Wiederholungen der Anreden „Eure Excellenz", „Euer Hochwohlgeboren" und „Euer Hochgeboren" müssen vermieden werden.

Formular für den Bericht.

Der Königl. Kreisbauinspektor.

J.-Nr. . . . . den . . . .

Betrifft:

. . . .

. . . .

Verfügung vom . . . . . .

(Nr. . . .)

oder

„ohne Vorgang"

Zahl der Anlagen

. . . .

. . . .

. . . .

. . . .

. . . .

. . . .

. . . .

. . . .

An den Herrn Regierungspräsidenten

in . . . . . .

oder

An die Königliche Regierung

in . . . . . .

N. N.

Kreisbauinspektor (Baurat).

Für kurze Anzeigen kann die Form einer Meldung auf einem Viertelbogen gewählt werden.

Mit Bezug auf **Erwiderungen** auf Schreiben gleichgestellter und auf Berichte nachgeordneter Behörden siehe Form der Berichte. Sie müssen außerdem einen Hinweis auf das veranlassende Schriftstück haben, z. B. auf das Schreiben (den Bericht) vom .... Nr. ....

Verzeichnisse, Übersichten, Nachweisungen u. dergl. werden ohne Begleitschreiben abgesandt, sofern ein Begleitbericht nicht einen selbständigen Inhalt haben muß.

Schriftstücke an Einzelbeamte, die eine Behörde vertreten, enthalten auf der Innen- und Außenadresse nur dann den Namen des Beamten, wenn das Schreiben auf persönliche Angelegenheiten des Empfängers Bezug nimmt.

Wird der Name nicht angegeben, so sind persönliche Titel wegzulassen. Es heißt also z. B.: „An den Herrn Regierungs-Präsidenten in Posen." Der Vermerk „Eigenhändig" macht erkennbar, daß das Schriftstück nur vom Empfänger selbst geöffnet werden soll.

Urschriftlicher Verkehr. Ist der Inhalt der abzusendenden Schriftstücke für die Akten entbehrlich oder genügt die Zurückbehaltung von Vermerken, so ist für Schreiben und Erlasse, für kurze Berichte und Beischriften die urschriftliche Form zu wählen. Die Niederschrift kann auf das veranlassende Schriftstück selbst oder auf einen einzulegenden Bogen gesetzt werden.

In den meisten Fällen genügt bei genehmigtem Antrag der Vermerk „Genehmigt". Die Zusendung an den Berichterstatter erfolgt erforderlichen Falles unter der Bedingung der Rückgabe und zur Entnahme von Anlagen.

Soll das Schriftstück zurückgehen, so ist dies anzugeben, z. B.: Urschr. u. R. oder Urschr. g. R. (Urschriftlich unter oder gegen Rückgabe).

Schreiben an gleichstehende Behörden, Beamte und Privatpersonen, Verfügungen an untergebene Beamte werden am Kopf nur mit der Firma und der Journalnummer versehen und nehmen die ganze Bogenbreite ein.

Ist die Berichterstattung nach Erlaß einer Erinnerung erfolgt, so ist auch die Erinnerungsverfügung anzugeben. Sind schriftliche Vorgänge nicht vorhanden, so ist dies zu bemerken, z. B.:

Betrifft

. . . .

ohne Vorgang.

Das Papier für den amtlichen Schriftverkehr soll 21 cm breit und 33 cm hoch sein. Vollständige Konzepte sind von allen abgehenden Schriftstücken den entsprechenden Akten einzufügen.

Die Formulare für die Geschäftsführung.

1. **Verzeichnis der Akten.** Es muß aus demselben zu ersehen sein, welche Akten vorübergehend ausgegeben sind (Aktenverzeichnisse sind auch in den besonderen Baubureaus zu führen).

Formular I.

Aktenverzeichnis

des Baukreises . . . . (Baubureau in . . . .)

Laufende Nr.	Stückzahl der Bde.	Bezeichnung der Akten	Bemerkungen
		A. Generalakten	
1		betr.	
		u. s. w.	
		B. Spezialakten	
		Schulbauten.	
1		Seminar in	
		u. s. w.	

Bemerkung: Für den Gebrauch werden alle Formulare zur Erhaltung breiterer Spalten in größerem Maßstabe angefertigt. Die Gesamtbreite der hochstehenden Formulare richtet sich im allgemeinen nach der Schreibbogenbreite (21 cm).

2. **Das Hauptjournal.** Dasselbe soll in knapper Angabe den wesentlichen Inhalt der Schriftstücke enthalten. Die Nummern laufen von Beginn bis Ende des Rechnungsjahres. Die linke Seite ist für die eingehenden, die rechte Seite für die abgehenden Schriftstücke bestimmt. Bei allen eingehenden Schriftstücken, welche keiner Erwiderung bedürfen, ist in derselben Reihe auf der rechten Seite des Journals die Bemerkung „zu den Akten“ (z. d. A.) zu machen.

Bei abgehenden Schriftstücken, zu denen keine Vorgänge gehören, ist auf der linken Seite der Vermerk, „ohne Vorgang" erforderlich.

Jede Sache erhält das Datum des Eingangs und eine Journalnummer. Mit Bezug auf jede eingehende Sache ist die Zahl und die Art der Anlagen auf dem Schriftstück selbst anzugeben. Dasselbe geschieht auch im Journal in der Spalte „Bemerkungen". Es ist hierbei jedesmal festzustellen, ob die Anlagen in der angegebenen Anzahl wirklich vorhanden sind. Ist dies nicht der Fall, so ist sogleich durch Rückfrage der Verbleib der fehlenden Anlagen zu ermitteln.

3. **Hauptjournal und Baubuch.** Das Hauptjournal und neben demselben das Baubuch wird von den Lokalbaubeamten im Bereiche des Polizei-Präsidiums in Berlin geführt.

4. **Das Tagebuch.** Für jede größere Bauausführung ist die Führung eines Tagebuches erforderlich. Dasselbe enthält kurze Vermerke über den Betrieb und das Fortschreiten des Baues, ferner ein Verzeichnis aller wichtigen Vorgänge mit Angabe des Datums. Durch die Eintragungen muß unzweifelhaft der Tatbestand nachgewiesen werden können.

5. **Die Kassenbücher.** Sie dienen zur Aufnahme aller Rechnungsbelege, geordnet nach der Zeitfolge und mit laufenden Nummern versehen. Die einzelnen Anschlagstitel enthalten die zugehörigen Beträge. Hierdurch wird es

Formular II. Hauptjournal.

Nr.	Datum und Nr. des Schriftstückes	Datum des Einganges	Absender	Inhalt der eingehenden Schriftstücke	Frist	Empfänger	Inhalt der abgehenden Schriftstücke	Datum des Schriftstückes	Datum des Abganges	Aktenzeichen	Bemerkungen

Formular IIa.

Hauptjournal.

(Für die Baupolizei-Inspektion.)

Nr.	Datum des		Aktenbände	Absender	Straße	Nr.	Inhalt der eingehenden Schriftstücke	Frist	Empfänger	Inhalt der abgehenden Schriftstücke	Datum des		Bemerkungen
	Schriftstückes	Einganges									Schriftstückes	Abganges	

Formular IIb.

Baubuch.

(Für Baupolizei-Inspektion.)

Nr.	Angabe der Straße und des Grundstückes	Nr.	Polizei-Revier	Eigentümer	Bauschein			Baugenehmigung oder Verfügung			Bezeichnung der Baulichkeiten	Vorderhaus	Seitenflügel	Quergebäude	Fabrik- u. Lagergebäude	Ladenumbauten	Kleinere Baulichkeiten	Sonstige bauliche Änderungen	Ist die Mitwirkung des Baubeamten bei der Rohbauabnahme erforderlich?	Nachtrags-Genehmigung			Baubeginn	Rohbau-Abnahme			Putztermin	Gebrauchsabnahme Prüfung	Bemerkungen
																								Anmeldung	Prüfung				
					Nr.	Datum	J.-Nr.	Nr.	Datum	J.-Nr.										Nr.	Datum	J.-Nr.			mit B. J.	Ratsmeist. allein			

Formular III.

Tagebuch.

Nr.	Datum		Kurze Bemerkung über den Fortgang und Betrieb des Baues. Verzeichnis aller wichtigen Vorgänge.	Bemerkungen
	Monat	Tag		

möglich, die Zahlungen im einzelnen mit den in den Kostenanschlägen festgestellten Beträgen zu vergleichen. Bei der Abrechnung und titelweisen Zusammenstellung müssen die Rechnungsbeträge anderweit numeriert werden. Die neuen Nummern sind in die hierfür bestimmte erste Spalte einzutragen.

Hinsichtlich der Rechnungslegung über bewirkte Bauausführung bestimmen §§ 234 und 235 der Dienstanweisung folgendes: Es ist eine nach Anschlagstiteln geordnete und auf die zugehörigen Rechnungsbelege bezogene Zusammenstellung der entstandenen Kosten als Revisionsnachweisung beizubringen:

1. wenn ein Bau nach erfolgter Superrevision des Kostenanschlages zur Ausführung gelangt ist;
2. wenn bei der Ausführung eines Baues wesentliche, einer besonderen Rechtfertigung bedürfende Abweichungen von dem genehmigten Bauplane hinsichtlich der Einrichtung und Konstruktion vorgenommen sind, und
3. wenn der Anschlag durch besondere Umstände (Erhöhung der Preise, größere Ausdehnung des Baues oder nachträgliche Bewilligung nicht veranschlagter Gegenstände) überschritten ist.

Außer der Kostenzusammenstellung ist der Revisionsnachweisung ein ausführlicher Bericht (Revisionsprotokoll) zugehörig. In demselben müssen die Entstehung und der Umfang der Anschlagsüberschreitung sowie sonstige Abweichungen in übersichtlicher Weise klargelegt werden. Diesen Bestimmungen gemäß muß auch bei der Abrechnung solcher Bauten verfahren werden, denen ausnahmsweise ein sich auf die Ausführung beziehender Kostenanschlag nicht zu

Grunde gelegen hat. (Beispiel hierfür: Zeitschrift für Bauwesen, 1881, S. 1.)

Den Schluß der Revisionsnachweisung bilden die vorgeschriebenen Bescheinigungen. (Vgl. Formular XXII.)

Wenn bei Bauausführungen die vorstehend beschriebenen Fälle nicht eingetreten sind, so werden die entstandenen Kosten nur titelweise zusammengestellt. Die Zusammenstellung ist mit der Abnahmebescheinigung zu versehen. Zugehörig ist ein kurzer Bericht über den Verlauf der Bauausführung und die etwaigen Anschlagsabweichungen.

Sind seitens der Revisionsbehörde die **Kosten noch nicht festgestellt**, so müssen die vom Lokalbeamten berechneten Beträge **vorläufig in Blei** eingetragen werden.

Hinsichtlich der Zahlungen von **verschiedenen Kassen** (Regierungs- oder

Formular IV.

Kassenbuch.

Belagsnummer für die Abrechnung	Laufende Belagsnummer	Datum und Journal-Nr.		Name der Empfänger und Gegenstand der Zahlung	Betrag der endgültigen Zahlungen, gezahlt von der				Betrag der Abschlagszahlungen, gezahlt von der		Gesamtbetrag		Tit. I. Erdarbeiten		Tit. II. Maurerarbeiten				Tit. III. Asphalt-Arbeiten		B.	Bemerkungen
		des Berichtes	der Anweisung		Hauptkasse		Spez.-Baukasse		Hauptkasse	Spez.-Baukasse					a. Arbeitslohn		b. Materialien					
					M	Pf	M	Pf	M	M	M	Pf	M	Pf	M	Pf	M	Pf	M	Pf		

Bemerkung zu B: Es folgen hier nebeneinander die weiteren Titel und zwar: Tit. IV. Steinmetzarbeiten, Tit. V. Zimmerarbeiten, Tit. VI. Stakerarbeiten, Tit. VII. Schmiede- und Eisenarbeiten, Tit. VIII. Dachdeckerarbeiten, Tit. IX. Klempnerarbeiten, Tit. X. Tischlerarbeiten, Tit. XI. Schlosserarbeiten, Tit. XII. Glaserarbeiten, Tit. XIII. Anstreicher- und Tapeziererarbeiten, Tit. XIV. Stuckarbeiten, Tit. XV. Öfen- und Zentralheizungsanlagen, Tit. XVI. Gas- und Wasserleitungen, Tit. XVII. Rendantengebühren, Tit. XVIII. Insgemein.

Für die Benutzung wird dies Formular größer angefertigt, um eine größere Breite der Spalten zu erhalten.

Justizhauptkasse, Gerichts-, Gefängnis- oder Spezialbaukasse) muß durch Eintragungen in besondere Spalten erkennbar sein, welche Kasse die einzelnen Beträge abgeführt hat.

6. **Die Abschlagszahlungsbücher.**

Formular V.

Abschlagszahlungsbuch,

betreffend den Neubau . . . .
. . . .
zu . . . .

Nr.	Namen der Unternehmer	Vertrag, betr.	Seite des besond. Kontos	Bemerkungen

Formular Va. **Neubau des** . . . . .

Abschlagszahlungsbuch

(Besonderes Konto).

Name des Unternehmers (der Firma): . . . .
Vertragsgegenstand: . . . .
Art der Vergebung: . . . .
Vertrag vom . . . . ten . . . . 19 . . . .
Vertragssumme:

Kaution: { Betrag: . . . .
rückzahlbar am . . . . ten . . . . 19 . . . .
zurückgezahlt am . . . . ten . . . . 19 . . . . }

Nr. der Abschlagszahlung.	Lfde. Belags-Nr. des Kassenbuches	Datum und Journal-Nr. der Anweisung	Betrag der Zahlung ℳ	Bemerkungen

Die Abschlagszahlungsbücher dienen zur Buchung aller Zwischenzahlungen. Bei Ausführung großer Bauten ist ein besonderes Konto für jeden Unternehmer anzulegen.

7. Die Materialien-Lieferungsbücher.

Formular VI. **Materialien-Lieferungsbuch,**

betreffend den Neubau d . . . .
. . . . in . . . .

Name des Unternehmers (der Firma): . . . .
Vertragsgegenstand: . . . .
Vertrag vom . . . .
Vertragssumme: . . . .

Nr.	Datum der		Lieferung von:	Abgang	Hat Abschlags-zahlungen erhalten:	Bemerkungen
	Liefe-rung	Ab-nahme				

Die Materialien-Lieferungsbücher dienen zur Eintragung der angelieferten Baustoffe (Materialien). Sie enthalten die Zeitangabe der Lieferung, den Namen des Lieferanten und die Nummer des Lieferungsvertrages. Hinsichtlich verdorbener oder abhanden gekommener Baustoffe muß der „Abgang" derselben eingetragen werden. Werden auf der Baustelle Baustoffe gewonnen (Sand ꝛc.), so ist dies in der Spalte „Bemerkungen" zu verzeichnen.

Besondere Lieferungslisten für jeden einzelnen Baustoff sind nur bei größeren Bauten erforderlich. Wenn die Arbeiten einschließlich der Materiallieferung vergeben werden, so kommen für den betreffenden Bau die Materialien-Lieferungsbücher in Fortfall.

8. Die Bestellbücher.

Formular VII.

Bestellzettel Nr. . . . .

Herr (die Firma) . . . .
wird hierdurch ersucht, zum Bau de . .
. . . .
innerhalb . . . . Tagen zu liefern:
. . . .
. . . .
. . . .
. . . .
. . . .
. . . . den . . . .

Für die Bauverwaltung:
(Name u. Amtscharakter.)

Bestellzettel Nr. . . . .

Herr (die Firma) . . . .
wird hierdurch ersucht, zum Bau de . .
. . . .
innerhalb . . . . Tagen zu liefern:
. . . .
. . . .
. . . .
. . . .
. . . .
. . . . den . . . .

Für die Bauverwaltung:
(Name u. Amtscharakter.)

Dieser Zettel ist der Rechnung als Belag beizufügen.

Die Bestellbücher werden nur bei größeren Bauausführungen erforderlich. Die vorstehend gegebenen Formulare stellen sich als paarweise gegenüberstehende Formulare dar, die bei Bestellungen gleichartig auszufüllen sind. Das Formular rechts ist abzulösen und der Rechnung seitens des Lieferanten als Belag beizufügen. Es dient bei der Ablieferung der bestellten Gegenstände als Kontrole.

9. **Das Inventarium der Dienststelle.**

Formular VIII.

Inventarien-Verzeichnis der Dienststelle.

Nr.	Nummer in der Abteilung	Stückzahl	Bezeichnung des Inventarien-Bestandes und des Zuganges	Abgang	Bemerkungen

Das Inventarium, die Kostenanschläge, Revisionsnachweisungen, Bauentwürfe von ausgeführten Bauten, Teilzeichnungen (Details), Zeichnungen der Inventarien, Bücher und Zeitschriften, Gerätschaften und Instrumente, Möbel u. s. w. Die Stücke sind nach der Zeitfolge ihrer Anschaffung bezw. Überweisung (Hauptverzeichnis) und nach ihrer Art, mit der Nummer des Hauptverzeichnisses, gesondert in Gruppen (Gruppenverzeichnis) zu buchen. Das Hauptverzeichnis wird dem Gruppenverzeichnis vorgeheftet. Jedes Inventarienstück erhält die ihm im Hauptverzeichnis zuerteilte Nummer.

Kommen Inventarienstücke zum Abgang, so ist dies in den Verzeichnissen mit Angabe des Grundes und Verbleibs zu bemerken.

Für *größere Bauten* ist ferner das nachfolgende Verzeichnis einzurichten.

Formular IX.

Inventarien-Verzeichnis

der für das Baubureau und die Baustelle beschafften Gegenstände.

Nr.	Nr. des Belages	Stückzahl	Gegenstand	Beschaffungskosten		Datum des Abganges	Erzielter Erlös		Bemerkungen
				ℳ	₰		ℳ	₰	

Das Inventarium, betreffend die zur Baubureau-Ausstattung und der für die Baustelle beschafften Gegenstände, geordnet nach der Anschaffungszeit. Ausgenommen hiervon Verbrauchsgegenstände.

Der vorgesetzten Behörde ist eine beglaubigte Abschrift dieses Inventariums mit dem Nachweis des Verbleibs bezw. der Verwertung als Beleg zur Bauverwaltungsrechnung einzureichen.

10. **Das Gebäudeeinrichtungs-Inventarium.**

Formular X.

Gebäudeeinrichtungs-Inventar.

Nr.	Nr. des Belages	Stückzahl	Gegenstand	Beschaffungskosten		Datum der Übergabe an die nutznießende Behörde	Inventarisiert von d. nutznießenden Behörde unter Nr.	Bemerkungen
				ℳ	₰			

Das Formular dient zur Buchung aller für den Neubau beschafften Geräte, Möbel u. s. w. Die Eintragungen sind nach der Zeitfolge ihrer Abnahme durch die Bauverwaltung zu ordnen. Es ist ein Verzeichnis für die Übergabe des Baues aufzustellen, welches die Aufführung der nach ihrer Art gesonderten Einrichtungsgegenstände enthält.

11. Die Tagelohnlisten.

Formular XI.

Tagelohnliste,

betreffend den Neubau . . . .
. . . . in . . . .

Nr.	Bezeichnung der Arbeiter und der betreffenden Leistungen	Bedungener Lohnsatz für die Stunde		Arbeitsstunden								Betrag		Bemerkungen
		M	Pf	Sonntag	Montag	Dienstag	Mittwoch	Donnerstag	Freitag	Sonnabend	Zusammen	M	Pf	

Die Tagelohnlisten sind für jeden Bau getrennt zu führen, am Wochenschluß abzuschließen und mit den Wochenlohnlisten der Unternehmer zu vergleichen.

12. Die Fuhrlohnslisten.

Formular XII.

Fuhrlohnsliste,

betreffend den Neubau . . . .
. . . . in . . . .

Nr.	Bezeichnung der Fuhren	Bedungener Einzelpreis		Geleistete Fuhren								Betrag		Bemerkungen
		M	Pf	Sonntag	Montag	Dienstag	Mittwoch	Donnerstag	Freitag	Sonnabend	Zusammen	M	Pf	

Die Fuhrlohnslisten beziehen sich auf die geleisteten Fuhren und enthalten die Angaben, an welchen Tagen die Fuhren geleistet wurden.

13. Der Terminkalender.

Formular XIII.

Terminkalender.

Nr.	Datum u. Nr. der Verfügung	Bezeichnung der zu erstattenden Berichte und Rapporte	Soll erledigt sein am	Wiedervorlage am	Bemerkungen

Der Terminkalender enthält die Angaben über die regelmäßig zu erstattenden Rapporte und die innerhalb der festgesetzten Fristen zu erledigenden Sachen.

14. Das Tagebuch über die ausgeführten Dienstreisen.

Formular XIV.

Reisetagebuch.

Datum		Ort des Aufenthaltes	Zweck der Reise und Ergebnis derselben	Zahl der zurückgelegten Kilometer	Bemerkungen
Monat	Tag				

Sobald das Raumbedürfnis dies erfordert, ist festzustellen, welche Akten

a) zum weiteren Geschäftsbetriebe unentbehrlich sind und aus diesem Grunde in der Registratur verbleiben müssen,

b) zwar für die laufenden Geschäfte zur Zeit nicht gebraucht werden, aber noch ferner aufbewahrt werden müssen,

c) unbedenklich vernichtet werden können.

Nach diesen 3 Gruppen sind die Akten zu sondern und von den unter b) und c) zu bringenden Akten besondere Verzeichnisse anzulegen.

Bei der Durchsicht müssen diejenigen Schriftstücke ausgesondert und den entsprechenden, für die Aufbewahrung bestimmten Akten einverleibt werden, deren Aufbewahrung notwendig oder wünschenswert erscheint. Die unter b) fallenden Akten sind in einer besonderen Abteilung unterzubringen und mit „zurückgelegter Registratur“ zu bezeichnen. Die nach eingeholter Genehmigung der Dienstbehörde zu vernichtenden Akten werden auseinander genommen und derart zerschnitten, daß ein Mißbrauch der einzelnen Schriftstücke ausgeschlossen ist. Sie werden sodann öffentlich mit der Bedingung versteigert, daß sie sofort nach der Auslieferung eingestampft werden. (Zirkularerlaß des Direktors der Staatsarchive vom 10. November 1876, Min.-Bl. S. 254.)

Die von der Königl. Oberrechnungskammer zurückgelangten Anschläge müssen aus den Rechnungsbelegen ausgesondert werden. Sie sind unter Hinzufügung der Zeichnungen dem Lokalbaubeamten zuzustellen. Kostenanschläge und Revisionsnachweisungen, welche sich auf Neubauten, Hauptreparaturen oder wichtige Veränderungen der Konstruktion eines Bauwerks beziehen, sind einschließlich der Zeichnungen geheftet aufzubewahren und dem Amtsnachfolger zu übergeben. Die übrigen Kostenanschläge und Revisionsnachweisungen sind nach zehn Jahren zur Vernichtung an die vorgesetzte Behörde zurückzureichen. (Min.-Erl. vom 16. Februar 1867, Zeitschr. für Bauwesen S. 108.)

Formular für Berichte. (Siehe S. 4.)

15. **Postsendungsbuch.** Für die geschäftliche Behandlung der Postsendungen in Staatsdienst-Angelegenheiten gelten die Bestimmungen vom 7. Februar 1894.

Frankiert abzuschicken sind alle Postsendungen an Königl. Behörden, einschließlich der einzelstehenden Beamten, ferner die Postsendungen an andere Empfänger, wenn dieselben entweder

a) nicht im Interesse der Empfänger, sondern ausschließlich im Staatsinteresse erfolgen, oder

b) an eine Partei gerichtet sind, welche nach den bisherigen Vorschriften auf portofreie Zustellung einen Rechtsanspruch hat, oder

c) in einer Prozeß- oder Vormundssache ergehen, für welche einer Partei das Armenrecht bewilligt ist.

Alle sonstigen von Königl. Behörden ausgehenden Postsendungen sind unfrankiert abzulassen; bei Postanweisungen ist, da diese dem Frankierungszwange unterliegen, der Frankobetrag durch den Absender erforderlichenfalls von dem zu überreichenden Geldbetrage vorweg abzuziehen.

Die frankiert abzuschickenden Sendungen, soweit sie der Aversionierung unterliegen, sind

1. mit dem Vermerke: „Frei laut Aversum Nr. 21" (Frei lt. Avers. Nr 21) und
2. mit der Bezeichnung der absendenden Behörde zu versehen.

Der Vermerk unter 1. kommt auf die Vorderseite links unten, die Bezeichnung der Behörde unmittelbar darunter. Außerdem müssen die Sendungen durch Verschluß mittelst des Dienstsiegels (oder Siegelmarken) für die Absendung vorbereitet werden.

Beispiel:

Frei lt. Avers. Nr. 21.
Kgl. Kreisbauinspektor

Die unfrankiert abgesendeten portopflichtigen Dienstsachen sind auf der Adresse als „portopflichtige Dienstsache" zu bezeichnen und durch Dienstsiegel zu schließen.

In Kirchenbausachen ist das Porto für die seitens der Gemeindekirchenräte unfrankiert eingehenden Postsendungen von dem Lokalbaubeamten zu verauslagen und aus dem Bureaubedürfnis der Regierung bei dem Regierungspräsidenten zu liquidieren. Es ist hierzu das nachfolgende Formular zu benutzen.

Formular XVI.

Postsendungsbuch,

betreffend die für den Bau des . . . .
im . . . . Vierteljahr . . . / . . . in Dienstangelegenheiten verausgabten Portobeträge.

Nummer	Datum	Journ.-Nr.	Sendung		Empfänger oder Absender	Verausgabtes Porto beim				Bemerkungen
			Paket	Brief		Eingang		Abgang		
						ℳ	₰	ℳ	₰	

Beilage zu Formular XVI.

Gebührenrechnung,

betreffend die für den Bau des . . . .
im . . . Vierteljahr 19 . . / . . . . in Dienstangelegenheiten verausgabten Portobeträge.

Nach Ausweis des dabei zur Prüfung vorgelegten Postsendungsbuches sind für den bezeichneten Bau in den Monaten . . . . bis einschl. . . . . an Porto verausgabt . . . Mark . . Pf.

Daß die Sendungen, für welche das hier berechnete Porto in Ansatz gebracht ist, lediglich den Königlichen Dienst und kein einseitiges Interesse von Privatpersonen betroffen haben, wird hiermit bescheinigt.

. . . . ., den . . . . .

Der Königliche Kreisbauinspektor

. . . .

Nach den rechnerisch geprüften Eintragungen im Postsendungsbuche auf . . . . Mark . . Pf. festgestellt.

B. Die Bauführung.

Vorbereitung der Bauten.

Den Lokalbaubeamten liegt es ob, über alle ihnen baulich unterstellten Gebäude ein nach Ressorts geordnetes Verzeichnis anzufertigen und fortzuführen. (Abschrift an den Regierungspräsidenten, Bericht am Anfang jedes Jahres über etwa eingetretene Veränderungen.)

Den technischen Ausarbeitungen gehen Ermittlungen über die Notwendigkeit und den Umfang der in Aussicht genommenen Bauausführung voraus.

Hinsichtlich des Bauplatzes erstreckt sich die Untersuchung auf:

1. Größe und Form;
2. Gestaltung der Oberfläche;
3. Art der Umgebung;
4. Lage der Baustelle im Orte und ihre Entfernung vom nächsten Bahnhofe;
5. Beschaffenheit und Tragfähigkeit des Baugrundes;
6. Stand des höchsten bekannten Wasserstandes;
7. die Möglichkeit einer regelrechten Entwässerung und Beseitigung der Fäkalien;

8. die Möglichkeit der Beschaffung ausreichenden Trink- und Gebrauchswassers;
9. etwaige für die Bauausführung in Frage kommende privatrechtliche Beziehungen zu den Nachbargrundstücken;
10. Angemessenheit des Kaufpreises.

Zu beachten bei Grundstückserwerbungen für den Fiskus der Ministerialerlaß vom 7. Februar 1892 (Min.-Bl. S. 86 und Arch. S. 207), ferner Min.-Erl. vom 6. November 1814 (Min.-Bl. S. 205).

Es ist von der Baustelle und ihrer nächsten Umgebung ein genauer Lageplan, welcher auch die Angabe der Himmelsgegend enthält, anzufertigen. Läßt sich ein Stadtplan beschaffen, so ist dieser zur Beurteilung der Lage des Bauplatzes mit einzureichen. Mit der Herstellung von Lageplänen, welche Dritten gegenüber Begrenzung und Größe der betreffenden Grundstücke feststellen sollen, können nur geprüfte Feldmesser beauftragt werden.

Nach Abschluß der vorstehenden Ermittlungen und nach Genehmigung des Bauprogrammes folgt die Ausarbeitung von Vorentwürfen, Erläuterungsberichten und Kostenüberschlägen. Hierzu muß auch die Bauplatzerwerbung gesichert sein.

Bei einfachen Bauten oder bei solchen, die nach Normalzeichnungen ausgeführt werden sollen, fällt der Vorentwurf fort.

Nach Feststellung des Vorentwurfes und Kostenüberschlages haben die Lokalbaubeamten den ausführlichen Entwurf und Kostenanschlag auszuarbeiten.

1. Versuchsskizzen, Vorentwürfe, Kostenüberschläge.

Für Staatskosten mit einem Gesamtaufwand von voraussichtlich mehr als 5000 Mark sind Versuchsskizzen und Vorentwürfe anzufertigen, mit Lageplan, Erläuterungsbericht und Kostenüberschlag nach Quadratmetern zu bebauender Fläche und nach Kubikmetern des zu umbauenden Raumes.

Für größere Bauten oder Anlagen mit mehreren Einzelgebäuden ist in der Regel der Maßstab 1:400, bei Bauten kleineren Umfangs 1:200 anzunehmen. Für Versuchsskizzen genügt 1:500. Maßstab der Lagepläne 1:500. Lagepläne können durch Kopien von Katasterkarten ersetzt werden, falls aus denselben die Lage und Beschaffenheit des Grundstücks sowie seine Umgebung genügend klar ersichtlich ist. Längen in den Höhenplänen sind nach dem Maßstabe 1:500, Höhen dagegen im zehnfachen Maßstabe aufzutragen. In der Regel ist die Eintragung eines Höhennetzes ausreichend oder Eintragung der wichtigsten Höhenzahlen in den Lageplan.

Der Erläuterungsbericht für die Versuchsskizze und den Vorentwurf muß enthalten:

1. dienstliche Veranlassung zur Aufstellung des Entwurfs (Verfügung),
2. Bauprogramm,
3. Beschaffenheit der Baustelle und des Baugrundes,
4. die Beschreibung des Entwurfs,
5. Vorschläge über die Bauart und die Heizvorrichtungen,
6. den Zeitraum, innerhalb dessen die Herstellung, Abnahme und Abrechnung des Baues beabsichtigt wird,
7. die Bauleitung, insbesondere die Umstände, welche die Verwendung technischer Hilfskräfte notwendig machen,
8. eine überschlägliche Berechnung der Baukosten.

Für Gebäude, welche eine Zentralheiz- und Lüftungsanlage erhalten sollen, ist schon als Beigabe zum Vorentwurf im Erläuterungsbericht die genügende Heizungs- und Lüftungsart eingehend zu begründen.

Bei der Berechnung der zu bebauenden Grundfläche und des Rauminhaltes ist nachfolgendes zu beachten:

1. Bei Berechnung der bebauten Grundfläche sind die Abmessungen des Erdgeschosses zu Grunde zu legen. Kleine, niedrige Anbauten (Freitreppen, Kellerhälse u. s. w.) sind fortzulassen. Anbauten von der Höhe des Erdgeschosses sind zu berücksichtigen.
2. Bei der Berechnung des Rauminhaltes ist die bei der Flächenberechnung gewonnene Zahl mit der Höhe des Gebäudes von der Oberkante des Fundamentes bis zur Oberkante der Umfassungsmauer zu multiplizieren. Bei Gebäuden mit verschiedenen Höhen ist der Rauminhalt für jeden Gebäudeteil festzustellen.

Hierbei ist zu beachten:

a) Bei unterkellerten Gebäuden oder Gebäudeteilen ist die Höhe von der Oberkante des Kellerfußbodens an, bei nicht unterkellerten von der Oberkante des untersten

Banketts an, jedoch nicht tiefer als 1,0 m unter Erdoberfläche zu rechnen. Fehlt ein Bankettabsatz, so muß ein ideelles Bankett angenommen und für dieses 0,50 m von der Fundamenthöhe abgezogen werden. Liegt die Kellersohle im wesentlichen in der Höhe der Erdoberfläche, so ist die Berechnung nach Art nicht unterkellerter Gebäude aufzustellen.

b) Liegen die Fundamente einschließlich der Bankette bei nicht unterkellerten Gebäuden tiefer als 1,50 m oder bei unterkellerten tiefer als 0,60 m unter Kellerfußbodenoberkante, so sind die Kosten dieser tieferliegenden Fundamente wie auch solche einer künstlichen Gründung besonders aufzustellen.

c) Die Höhe ist bis zur Oberkante der Umfassungsmauern, bei überstehenden Dächern bis zur Unterkante der Dachschalung, bei Pultdächern bis zur Oberkante der niedrigsten Umfassungsmauern anzunehmen.

Sind bei Kirchen die Türme, Chöre, Schiffe u. s. w. fortlaufend mit Giebeldreiecken bekrönt, so ist die Gesamthöhe bis zur halben Dreieckshöhe anzunehmen.

d) Der Berechnung des Rauminhalts von Türmen kleiner und mittelgroßer Kirchen ist die bebaute Grundfläche, gemessen im Erdgeschoß, zu Grunde zu legen und diese mit der Gesamthöhe zu multiplizieren, selbst wenn sich der Grundriß in den oberen Geschossen ändert. Derselbe ist auch für Strebepfeiler maßgebend.

e) Für ein ganz oder teilweise ausgebautes Dachgeschoß sowie für alle über die Umfassungsmauer sich erhebenden Bauteile (Türmchen, Attiken, Ziergiebel, Kuppeln u. s. w.) ist eine entsprechende Gebäudemehrhöhe anzunehmen. Der Höhenzuschlag wird so ermittelt, daß der hierdurch vermehrte Rauminhalt bezüglich der Kosten im wesentlichen den Mehrkosten der genannten Bauteile entspricht.

f) Große, innerhalb der Gebäude liegende, mit Glas bedeckte und vom Erdgeschoß an durch mehrere

Geschosse reichende Höfe oder Hallen sind bis zu $^2/_3$ ihres Rauminhaltes abzuziehen.

Hinsichtlich der Preisberechnung müssen gleichartig ausgebildete Bauteile zusammengefaßt werden. Der für das Kubikmeter umbauten Raumes angenommene Preis ist in jedem Einzelfalle mit den Preisen ähnlicher Bauwerke desselben Regierungsbezirks oder benachbarter Bezirke zu begründen.

Die Kosten der Nebenanlagen, sowie der inneren Ausstattung sind überschläglich zu ermitteln (Mobilien, Geräte, Instrumente u. dergl.).

Die Vorentwürfe, Erläuterungsberichte und Kostenanschläge sind bei der vorgesetzten Dienstbehörde einzureichen. Ist die Prüfung in der Revisions- und Superrevisionsinstanz beendet, so sind die Ausarbeitungen den Behörden oder Personen, für deren Zwecke die Bauausführung erfolgen soll, zur Äußerung vorzulegen und etwaige Bedenken im Wege kommissarischer Beratungen zu erledigen.

2. Ausführliche Bauentwürfe und Kostenanschläge.

Vorbehaltlich der Bestimmungen des Allgemeinen Landrechts (§§ 88 bis 91) ist bei jeder Entwurfsaufstellung und bei jedem Kostenanschlag der beteiligte Beamte für diejenigen Teile verantwortlich, welche er bearbeitete.

Für die ausführlichen Bauentwürfe für größere Bauten sowie bei Bauanlagen mit einer größeren Zahl von Einzelgebäuden ist in der Regel der Maßstab 1 : 50, für kleinere Bauten der Maßstab 1 : 100 zu wählen. Mit Bezug auf die Lage- und Höhenpläne sind die Bestimmungen für die Vorentwürfe maßgebend.

Im Erläuterungsbericht sind namentlich die Abschnitte „Bauart" sowie die Heizungs- und Lüftungseinrichtungen und „Baukosten" ausführlicher zu bearbeiten.

Hinsichtlich der Bearbeitung aller Einzelheiten ist nach der Anweisung für die Behandlung der ausführlichen Entwürfe und Kostenanschläge*) zu verfahren.

*) Das Veranschlagen von Hochbauten nach der vom Ministerium für öffentliche Arbeiten erlassenen Anweisung, nebst einem Anschlagsbeispiel. Von G. Benkwitz. Verlag: Julius Springer, Berlin. Sechste Auflage.

Bei der Aufstellung von Entwürfen und Anschlägen sind die nachfolgend auszugsweise wiedergegebenen

technischen Grundsätze

zu beachten.

Dieselben beziehen sich auf:

1. die für den Ort des Baues geltenden Polizeiverordnungen;
2. die Bestimmungen vom 1. November 1892 über die Bauart unter Berücksichtigung der Verkehrssicherheit;
3. die Polizeiverordnung vom 12. Oktober 1889 (Nachtrag vom 18. März 1891), betr. Anlage und Einrichtung von Theatern, Zirkusgebäuden und öffentlichen Versammlungsräumen;
4. Bestimmungen über statische Berechnung der Hochbaukonstruktionen vom 16. Mai 1890;
5. Vorschriften, betr. Dienstwohnungen, vom 26. Juli 1880;
6. Musterzeichnungen vom 28. Dezember 1889;
7. Anweisung, betr. Zentralheizungsanlagen, vom 15. April 1893;
8. Vorschriften, betr. Volksschulhäuser, vom 15. November 1895;
9. Vorschriften, betr. Entwürfe für Domänen, vom 19. Mai 1896.

Mit Bezug auf die einzelnen Arbeiten sind folgende Grundsätze zu beachten:

Tit. I und II. Erd- und Maurerarbeiten.

Durch entsprechende Fundamentbreiten ist für möglichst gleichmäßige Beanspruchung des Baugrundes zu sorgen (in der Regel bis zu 2,5 kg auf das Quadratzentimeter). Die Fundierungen von stark belasteten Pfeilern, Säulen, Mauerecken, Türmen u. dergl. sowie alle künstlichen Fundierungen erfordern besondere rechnerische Untersuchungen.

Fundamente sind in frostfreier Tiefe anzulegen.

Mauerteile als Träger eiserner Stützen müssen aus Werkstein oder aus bestem Ziegelmaterial unter Zementzusatz zum Kalk ausgeführt werden. Gegen aufsteigende Feuchtigkeit ist Asphaltisolierung anzuordnen, welche in Fußbodenoberkante anzunehmen ist, wenn der Fußboden im Kellergeschoß bezw. — wenn Keller nicht vorhanden ist — im Erdgeschoß massiv anzunehmen ist. Bei Holzfußboden ist die Isolierschicht unterhalb der Holzteile anzubringen. Bruchstein- oder Betonfundamente erhalten unter der Isolierschicht eine Lage von Zementmörtel oder eine Ziegelflachschicht in Zementmörtel.

Die in der Erde liegenden Teile der Umfassungsmauern eines Kellergeschosses sind gegen seitliches Eindringen von Feuchtigkeit außen mit etwa 2 cm starkem Zementputz zu versehen. Bei starkem Wasserandrange sind sie außerdem mit einer etwa 50 cm starken Schicht von fettem Ton und mit Kiespackung zu umgeben, auf deren Sohle Drainröhren in etwa 1 m Entfernung vom Gebäude zu legen sind.

Während der Bauzeit ist zur Abhaltung der Nässe von den Umfassungsmauern des Kellergeschosses für Abzugsgräben, Rinnen, Abfallrohre zu sorgen. Desgl. ist ein dichtes Traufpflaster herzustellen.

Bei Anschluß an feuchte Nachbarwände ist das Mauerwerk 1 Stein stark aus Hartbrandziegeln in Zement herzustellen.

Sollen Wohnungen im Kellergeschoß eingerichtet werden, so ist vor der tragenden Wand in Entfernung von etwa 5 cm nachträglich eine innere, 1/2 Stein starke Wand aufzuführen. (Ausführung erst nach einigermaßen gutem Austrocknen der Umfassungswand, Anlage von Öffnungen, welche den Luftraum zwischen den beiden Mauern mit den Innenräumen in Verbindung setzen.)

Luftschichten in den übrigen Geschossen sind im allgemeinen zu unterlassen, weil die Hohlräume den Mauerverband beeinträchtigen, auch zur Bildung schädlichen Schwitzwassers Veranlassung geben können.

Zum Schutz gegen Witterungseinflüsse sind die Umfassungsmauern ausreichend stark anzunehmen (bei besonders ungünstiger Lage ist Bekleidung mit Schiefer oder dergl. nicht ausgeschlossen).

Bei Mauern, welche weniger als 2 Steine Stärke haben, sind die Fensterbrüstungen voll auszumauern.

Die Wände in Kellerräumen sind möglichst spät zu putzen, um ein gutes Austrocknen des Kellermauerwerkes zu ermöglichen.

Die Kellersohle ist in der Regel mindestens 30 cm über dem höchsten Grundwasserstand anzunehmen.

Gurtbogen- und Gewölbeanfänger sind im Verbande mit dem übrigen Mauerwerk in wagerechten Schichten auszukragen (soweit erforderlich: Zusatz von Zement zum Kalkmörtel). In

Schildbogenwänden können für den Gewölbeanschluß Aussparungen angeordnet werden.

Lassen sich die Widerlager für Gewölbe nicht so stark anordnen, daß die bis zur Fundamentsohle zu verfolgende Drucklinie von der Mauerwerksaußenkante ausreichend entfernt bleibt, so sind auf Grund rechnerischer Ermittlung Verankerungen erforderlich.

Bei weitgespannten Gurtbögen, die gemeinsam mit dem Mauerwerk aufgeführt werden, ist schnell abbindender Mörtel und Verankerung anzuordnen, selbst wenn die Drucklinie rechnungsgemäß innerhalb des Mauerwerks verbleibt, weil die Lasten, welche auf den Verlauf der Drucklinie bestimmend wirken, erst nach und nach aufgebracht werden.

Wird bei unzureichender Stärke oder Belastung eine Verankerung notwendig, so sind die Widerlagsmauern durch Zuganker untereinander zu verbinden. Fehlt auf den Widerlagern jede Auflast, so müssen sich die Kappen gegen längs den Widerlagern zu verlegende und untereinander zu verankernde Träger wölben. Bei einer größeren Anzahl von Kappen nebeneinander sind die letzten Träger untereinander sowie die Ecken des Raumes zu verankern.

Stichhöhe für flache, 1/2 Stein starke Kappen in der Regel nicht unter 1/8 der Spannweite, Spannweite nicht über 2,5 m. Für größere Spannweite ist eine stärkere Anwölbung oder größere Gewölbestärke erforderlich. Hierbei wie auch bei Treppenunterwölbungen und Podesten ist bestes Wölbematerial mit schnell abbindendem Mörtel zu verwenden, falls besondere Gewölbebelastungen auftreten. Im anderen Falle ist leichteres Material (poröse Lochoder Schwemmsteine) zulässig.

Gewölbe, welche unmittelbar die Dachbedeckung aufnehmen sollen, und Gewölbe, unter freiem Himmel auszuführen, sind tunlichst zu vermeiden. Es ist daher auch die Einwölbung der unter Dach befindlichen Räume erst nach Eindeckung desselben in Angriff zu nehmen.

Bei Gebäuden, welche gemäß den Bestimmungen vom 1. November 1892 in allen Geschossen zu wölben bezw. mit feuersicheren Decken zu versehen sind, müssen die ausspringenden Ecken in jedem Geschoß mit langen, über naheliegende Öffnungen hinwegreichenden Ankern versehen werden. Ebenso sind vielfach durchbrochene Vorbauten, Erker u. dergl. stets mit Verankerungen zu versehen.

Bei Gebäuden mit Balkenlagen sind neben der Balkenverankerung in besonderen Fällen (nicht zuverlässiger Baugrund, künstliche Fundierungen) Verankerungen anzuordnen.

Rauch- und Lüftungsrohre sollen im Dachraum möglichst zusammengezogen werden, damit die Dachfläche möglichst wenig durchbrochen wird. Bei freistehenden Gebäuden ist eine angemessene Ausbildung der Schornsteinköpfe vorzunehmen.

Rauchrohre sollen einen sich gleichbleibenden, rechteckigen oder runden Querschnitt von mindestens 250 qcm erhalten. Besteigbaren Schornsteinen ist eine innere Querschnittsweite von 42 zu 47 cm zu geben.

Werden Rauchrohre gezogen, so sind in denselben an den Übergangsstellen von einer Richtung zur anderen Reinigungstüren anzubringen, falls die Steigung weniger als 60° beträgt.

In ein Rauchrohr von 250 qcm Querschnitt dürfen die Rauchgase von nur 3 Zimmeröfen eingeführt werden. Für jeden hinzutretenden Ofen muß sich der Querschnitt um 80 qcm vergrößern. Für jede Kochherdfeuerung ist ein Rauchrohr anzulegen, falls dieselbe nicht an ein besteigbares Rohr angeschlossen ist.

Ausführung: Bestes Ziegelmaterial, Mauerwerk vollfugig in Kalkmörtel mit Zementzusatz. Ausfugung im Inneren, Putz bis unter Dachdeckung im Äußeren.

Gemeinschaftliche Luft- oder Rauchrohre sind nicht anzulegen.

Entfernung der Rauch- und Lüftungsrohre von Türbögen mindestens 1½ Steine.

Bei Reinigung der Schornsteine vom Dach aus sind Aussteigöffnungen anzuordnen.

Im Dachboden müssen Reinigungsöffnungen vom freien Dachraum aus zugänglich sein.

Rauchrohre in Außenmauern müssen mindestens 1 Stein starke Wangen haben, Rauchrohre, die stark befeuert werden (für Waschküchen, Kochküchen, Zentralheizungen u. dergl.), erhalten mindestens 1 Stein starke Wangen.

Stehen Schornsteine inner- oder oberhalb des Daches in erheblicher Höhe frei, so erhalten sie an einer Längsseite 1 Stein starke Wangen. Erforderlichenfalls sind sie zu verankern.

Verblendmauerwerk ist in der Regel mit tunlichst ganzen Steinen gleichzeitig mit der Hintermauerung aufzuführen. Das ist geboten, wenn die Verblendung einen Teil der statisch notwendigen Mauerstärke ausmacht.

Verblendsteine müssen durchaus wetterbeständig sein.

Für Türöffnungen bis 25 cm Mauerstärke und darunter sind Bohlenzargen, bei 38 cm Stärke und darüber in der Regel Kreuzholzzargen anzuordnen.

Türdübel in Mauern letzterer Art sind für solche Räume zu vermeiden, in denen eine starke Benutzung der Türen stattfinden soll. Türdübel müssen sorgfältig befestigt und keilförmig zugeschnitten werden. Bei besonders starken Mauern ist es statthaft, nur einen Teil der Türleibung mit einem Futter zu versehen.

Für ländliche Gebäude oder solche zu gewerblichen Zwecken sind auch bei stärkeren Mauern nur 25 cm breite Bohlenzargen (ohne besonderes Futter) anzuordnen.

Für mit Latten- oder Brettertüren zu verschließende Öffnungen genügen Stützhaken.

Fensterbrüstungen sind mit ausreichender Abwässerung zu versehen.

In Treppenhäusern und Fluren müssen Absätze, Vorsprünge und Wandpfeiler vermieden werden. Bei Anordnung von Kreuzgewölben sind für die Gurtbögen schwach vortretende Konsolen anzuordnen.

Mauerecken, die besonders gefährdet sind, erhalten schützende Verkleidungen.

Wände untergeordneter Räume im Keller und Dachboden sollen glatt gefugt und mit Weißkalk geschlemmt (nicht mit Rapputz versehen) werden.

Lichteinfallschachte müssen so ummantelt werden, daß eine schnelle Übertragung eines im Dachraum ausgebrochenen Feuers nach unten verhütet wird. (Massive Konstruktion bezw. Rabitz- oder Monierkonstruktion.)

Unter Gipsestrichen auf Balkenlagen ist eine Sandschicht aufzubringen. Der Aufbringung des Estrichs muß eine gute Austrocknung der Balken und Stakung voraufgegangen sein.

Tit. III. Asphaltarbeiten.

Asphaltisolierung ist in der Regel aus mindestens 2 cm starker Lage von Gußasphalt herzustellen. (Als Unterlage ist eine 15 cm starke Betonschicht zu empfehlen.)

Asphaltbeläge in Höfen und Durchfahrten, 5 cm stark, aus Stampfasphalt, werden zweckmäßig auf 20 cm starker Betonunterlage hergestellt.

Tit. IV. Steinmetzarbeiten.

Äußere Gesimse erhalten Abwässerungsschrägen, vortretende Platten Unterschneidungen oder Wassernasen.

Werksteine in den Gebäudeansichten sind in der Regel beim Aufführen des Mauerwerks zu versetzen. (Ausnahmen zulässig bei vortretenden Portalen, Erkern und dergl.)

Mörtel zum Versetzen und Vergießen: Kalkmörtel oder hydraulischer Mörtel. (Nicht verwendbar: reiner Zement und Gips.)

Abgesehen von Werksteinen, die wetterbeständig und nicht hygroskopisch sind, bedingen Werksteingesimse ohne ausreichende schräge Abwässerung eine Kupfer- oder Zinkblechabdeckung. Die Abdeckungen der Tür- und Fensterverdachungen müssen eine seitliche, am Mauerwerk hochgeführte und mit Deckstreifen abgeschlossene Aufkantung erhalten. Eiserne Klammern und Dübel erhalten einen rostvermeidenden Überzug; zum Vergießen ist Blei oder hydraulischer Mörtel (nicht Zement, Gips oder Schwefel) zu verwenden. Bleiguß muß verstemmt werden. Zu wertvollen Steinarbeiten ordnet man Verankerungen oder Verdübelungen aus Kupfer oder Bronze an.

Werksteinsohlbänke müssen gegen das Entstehen von Brüchen durch Anordnung einer hohlen Lagerfuge in der Ausdehnung der Lichtweite der Öffnung geschützt werden.

Wagerechte Fensterstürze sind nicht sogleich voll zu belasten; die Ausmauerung des über dem Sturz anzuordnenden Entlastungsbogens hat vielmehr nachträglich zu erfolgen, nachdem ein regelrechtes Setzen des Bogens stattgefunden hat.

Bei dem Einfügen der Werksteine in die Ziegelsteinverblendung müssen die Höhen der ersteren ein Vielfaches der Steinschichten sein. Die Werksteinstücke selbst sind mit senkrechten Stoßflächen zu versehen.

Für größere Werksteinbauten ist eine verbundene Rüstung notwendig, sonst Stangenrüstung mit entsprechender Verstärkung. Bei ersteren von mehr als 10 m Höhe ist die Standfestigkeit gegen Winddruck durch statische Berechnung nachzuweisen. Gegen Umkippen sind derartige Gerüste ausreichend durch Verankerung oder Versteifung zu sichern.

Die Köpfe freitragender Werksteinstufen bis zu 1,0 m Länge müssen mindestens 12 cm tief eingebunden werden. Jeder Antrittsstufe ist ein festes Auflager zu geben, oder sie muß (wie auch ein bis zwei Stufen jeden Laufes) 18 bis 25 cm eingreifen. Freitragende Stufen von mehr als 1 m Länge müssen durchgängig 18 bis 25 cm eingebunden werden.

Für Hauptverkehrstreppen empfiehlt sich bei 30 cm Auftritt eine Steigung von 16,5 cm. Geringere Steigungen und größere Auftritte sind für Treppen von mehr als 2 m Breite und für Treppen, bei denen ohne Podest mehr als 15 Steigungen im Lauf enthalten sind, zweckmäßig. Für Freitreppen: Steigung 15,5 cm, Auftritt 33 cm. (Gefälle der Stufen und Podeste notwendig.) Steigung für wenig benutzte, untergeordnete Treppen 19 cm, Auftritt 25 cm. Bei Wendelstufen muß der gekrümmte Lauf allmählich in den geraden übergehen. Breite am spitzen Ende mindestens 10 cm. Zwischen je zwei Treppenabsätzen sollen in der Regel nicht weniger als 3, nicht mehr als 18 Steigungen angeordnet werden. Das Steigungsverhältnis ist bei derselben Treppe tunlichst durchgängig beizubehalten. Ausnahmen von obigen Regeln bei Boden-, Turm- und wenig benutzten Treppen zulässig. Schwellen und Podeste vor Haustüren etwa 50 cm breit. Wo Türen nach außen aufschlagen, muß die Breite mindestens der des aufgehenden Türflügels gleichkommen. Breite der Schwelle hinter der Eingangstür bei Kellerhälsen mindestens 30 cm.

Tit. V. Zimmerarbeiten und -Materialien.

Balkenköpfe sind mit Teerpappe zu umhüllen und trocken zu ummauern. Bei freitragender Länge über 6,0 m ist die Tragfähigkeit rechnerisch zu ermitteln.

Bei Balkenauswechslungen sind Ganzhölzer zu verwenden. Bei Feuerungsanlagen, oder wo die Wechsel mehr als einen Balken aufnehmen sollen, ist es empfehlenswert, Wechsel und Balken an den eingezapften Enden durch Trageisen von den Wänden aus zu unterstützen.

Turmhelme aus Holz sind stets auf Umsturz durch Winddruck zu berechnen. Das Stabilitätsmoment muß unter der Annahme ermittelt werden, daß der Turm nur mit Lattung oder Schalung versehen ist, die Dachdeckung also noch fehlt. Der Überschuß des Umsturzmomentes über das Stabilitätsmoment muß durch Anker aufgehoben werden.

Bei Holzfußböden im Keller oder Erdgeschoß nicht unterkellerter Gebäude sind die Lagerhölzer auf mit Asphaltpappe abgedeckten Ziegelunterlagen zu verlegen. Ersatz hierfür: Stabfußboden mit Betonschicht, in Asphalt verlegt. Im ersteren Falle ist ein flaches Ziegelsteinpflaster (oder etwa 10 cm starke Betonschicht) anzuordnen. Die Wandflächen erhalten von Unterlageroberkante bis Fußbodenoberkante ringsherum einen zweimaligen Goudronanstrich.

Abgesehen von den Fußbodenleisten dürfen Holzteile, Lagerhölzer und Fußböden nicht unmittelbar mit dem Mauerwerk in Berührung gebracht werden. Fußbodenleisten erhalten Schlitze, welche ein Austrocknen der Lagerhölzer und Dielung ermöglichen und den Hohlraum mit dem darüberliegenden Zimmer verbinden.

Hinsichtlich der Steigungsverhältnisse sind die Angaben für die Steintreppen maßgebend. Die Handleisten der Treppengeländer müssen einen gleichmäßigen Verlauf ohne Knicke erhalten.

Tit. VI. Stakerarbeiten.

Die Ausfüllung bei Windelböden ist mit reinem Lehm, trockenem geglühtem Sand, frischer Coaksasche und dergl. zu besorgen (abgelagerte Coaksasche oder Bauschutt ist völlig ausgeschlossen).

Bei Balkenlagen im Dachraum, sofern sie nur in beschränktem Maße begangen werden, sind die Balkenfächer zur Vergrößerung der Feuersicherheit bis zur Oberkante mit Lehm auszufüllen. In landwirtschaftlichen Gebäuden ist über dieser Ausfüllung ein Bretterfußboden zu verlegen.

Tit. VII. Schmiede- und Eisenarbeiten.

Für eiserne Dach- und Deckenkonstruktionen, Säulen, größere eiserne Träger und deren Auflagerplatten u. s. w. sind statische Berechnungen erforderlich.

Turmhelme aus Eisen sind mit Bezug auf Umsturz durch Winddruck zu berechnen. Bei Eisenkonstruktionen über größeren Räumen mit massiven Decken ist es empfehlenswert, die Träger zwischen den Unterzügen (nicht über denselben) derart anzuordnen, daß die Trägerstege möglichst durch die Massivkonstruktion verdeckt werden.

Bei eisernen Unterzügen, durch welche Hauptteile des Gebäudes getragen werden sollen, ist eine glutsichere Ummantelung vorzusehen.

Alle Eisenteile müssen einen rostschützenden Überzug erhalten.

Tit. VIII. Dachdeckerarbeiten.

Die Dachneigungen sind wie folgt anzunehmen (hierbei ist die ganze Tiefe eines Satteldaches zu Grunde gelegt):

1. Ziegeldächer (H = Höhe, T = Tiefe):		
Falzziegeldach: $\frac{H}{T}$	im allgemeinen nicht unter	$^1/_3$
Biberschwanzdach	„ „ „ „	$^2/_5$
Holländisches Pfannendach	„ „ „ „	$^1/_2$
2. Schieferdach, in deutscher Art gedeckt,	„ „ „ „	$^1/_2$
in englischer Art gedeckt	„ „ „ „	$^1/_4$
3. Holzzementdächer	„ „ „ „	$^1/_{36}$–$^1/_{40}$
4. Pappdächer	„ „ „ „	$^1/_{15}$
5. Metalldächer	„ „ „ „	$^1/_{15}$

Soweit tunlich, ist deutscher Schiefer zu verwenden. Empfehlenswert ist bei Verwendung desselben Dachpappe auf Schalung, um das Durchdringen von Staub, Ruß und Schnee zu verhindern.

Zur Schieferbefestigung sind verzinkte oder verkupferte Eisennägel und aus gleichem Metall hergestellte Halter zu verwenden.

Zwischen den aus zwei schmalen Brettern herzustellenden Laufbrettern ist eine Fuge zu belassen. Die Bretter sind durch Anstrich gegen Fäulnis zu schützen.

Leiterhaken sind in genügender Zahl anzubringen.

Tit. IX. Klempnerarbeiten.

Mit Bezug auf Rinnen und Gesimsabdeckungen bieten die Bestimmungen vom 31. März 1887 genügende Anhaltspunkte.

Zinkblechnummern für Eindeckungen: 11 bis 15. In besonderen Fällen und an Stellen, die schwer zugänglich sind, ist Walzblei oder Kupfer vorzuziehen.

Zwischen Kupfer und Zink ist eine Verbindung nicht statthaft.

Abfallröhrchen müssen zweckmäßig verteilt werden und eine zugängliche Lage haben. Auf dieselben ist bei der ausführlichen Entwurfszeichnung, in der sie in den Grundrissen und Ansichten einzutragen sind, Bedacht zu nehmen.

Gewichte der Kupfer-, Zink- und Bleitafeln:

Gewicht	des	qm	Kupfertafel					=	6 bis 7	kg
"	"	"	Zinktafel	Nr.	11			=	4,06	"
"	"	"	"	"	12			=	4,62	"
"	"	"	"	"	13			=	5,18	"
"	"	"	"	"	14			=	5,74	"
"	"	"	"	"	15			=	6,65	"
"	"	"	Walzbleitafel	von	1	mm	Stärke	=	11,5	"
"	"	"	"	"	2	"	"	=	23,0	"
"	"	"	"	"	2,5	"	"	=	28,7	"
"	"	"	"	"	3	"	"	=	34,5	"
"	"	"	"	"	4	"	"	=	46,0	"
"	"	"	"	"	5	"	"	=	57,5	"

Tit. X. Tischlerarbeiten.

Bei äußeren Türen und Fenstern müssen angeleimte Gliederungen und angeschraubte Zierteile aus Zinkblech vermieden werden. Bei Gehrungen muß verhindert werden, daß nach dem Schwinden des Holzes eine Durchsicht entsteht.

Fensterrahmen sind an die Sohlbänke gut anzuschließen, die Fugen zwischen Rahmen, Sohlbank und Maueranschlag sind sorgfältig zu dichten.

Zwischen Wandtäfelungen und Mauer ist ein geringer Zwischenraum zu belassen, damit erstere von der Zimmerluft umspült werden kann. Die der Mauer zugekehrte Seite ist durch Tränkung mit geeigneten Stoffen vor Fäulnis zu schützen.

Bleirohrleitungen dürfen durch einzustemmende Holzdübel nicht beschädigt werden.

Treppenhäuser müssen gegen den Keller durch Türen oder Glaswände abgeschlossen werden.

Dachbodentüren nach feuersicheren Treppenhäusern sowie Türen in Brandmauern sind aus Holz zu fertigen und beiderseitig mit Eisenblech zu beschlagen.

Tit. XI. Schlosserarbeiten.

Eiserne Vergitterungen sind tunlichst bei der Aufführung der Mauer einzusetzen.

Beschlagteile auf hölzerne Türen sind aufzuschrauben, nur in Ausnahmefällen, falls der Baustil dies erfordert, aufzunageln.

Türen, die einen Dachraum feuersicher abschließen, sollen selbsttätig zufallend konstruiert werden. (Schlösser dürfen sie nicht haben.) Muß ein Verschluß angeordnet werden, so ist derselbe vor der feuersicheren Tür durch einen verschließbaren Bretterverschlag herzustellen.

Tit. XII. Glaserarbeiten.

Scheiben von mehr als 50 zu 70 cm Größe sind tunlichst zu vermeiden. Für Scheiben bis zu einer Größe von 80 zu 100 cm ist $^4/_4$-Glas mit durchschnittlicher Stärke von 2 mm zu empfehlen, für größere Scheiben $^6/_4$-Glas von 3 mm Stärke. Die Glasgüte richtet sich nach der Raumbestimmung (erste Güte, sogen. rheinisches Glas, zweite Güte, sogen. halbweißes Glas). Zu besonderen Zwecken ist $^8/_4$-Glas von 4 mm oder Spiegelglas, falls letzteres durch die Super-Revisionsinstanz genehmigt ist, zu wählen.

Oberlichter müssen eine sachgemäße Ableitung des Schwitzwassers erhalten. Die Bildung desselben ist möglichst einzuschränken. Es sind Anordnungen zu treffen, daß die Temperatur auf der unteren und oberen Seite der Glasscheiben soweit tunlich ausgeglichen wird.

Soweit angängig, sollen innere Windfangtüren durchsichtiges Glas erhalten.

Tit. XIII. Anstreicher- und Tapeziererarbeiten.

Tapeten bis zum Betrage von 50 Pf. für die Rolle können in der Regel direkt auf die vorher gut geleimte Putzfläche geklebt werden. Bessere Tapeten bedingen eine Makulaturunterlage. Oben und unten an den Wänden sowie an allen Vorsprüngen und Ecken sind Bandstreifen anzuleimen und mit Nägeln zu befestigen.

Tit. XIV. Stuckarbeiten.

Stuck ist im allgemeinen nur in beschränktem Maße zu verwenden. Stuckgesimse sind tunlichst zu ziehen, nicht durch Anschrauben gegossener Teile herzustellen.

Tit. XV. Ofenarbeiten.

Bei der Bemessung der Ofengröße mit Bezug auf die die Wärme abgebende Fläche ist abgesehen von dem zu heizenden Rauminhalt auch die Lage desselben in Beziehung darauf zu berücksichtigen, ob derselbe an einer oder zwei Seiten freiliegt, ob er den herrschenden Winden ausgesetzt ist u. s. w.

Öfen und Kochherde aus Kacheln sind mit Ziegeln (1/4 Stein stark) oder mit einer doppelten Dachsteinlage auszufüttern und durch eiserne Klammern oder Draht zusammenzuhalten. Für den Feuerungsraum ist eine Umkleidung von Chamottesteinen in Chamottemörtel erforderlich.

Untersagt sind Klappen in den Rauchröhren; es sind hierfür luftdicht schließende Ofenröhren anzuordnen.

Bei aus Kacheln herzustellenden Öfen, Kochherden u. s. w. ist der Fuß mit eingelegten Luftschichten derart zu bilden, daß ein Durchbrennen nach unten und ein Übergreifen des Feuers nach der Balkenlage ausgeschlossen ist.

Gewöhnliche eiserne Öfen ohne Ummantelung sind nur für untergeordnete Räume anwendbar. Für Wohn- und Geschäftsräume, in denen Menschen dauernden Aufenthalt haben, sind Regulieröfen mit ausreichend weitem Mantel anzuordnen und, wenn erforderlich, mit Frischluftzuführung zu versehen.

Dielenbeläge dürfen unter Öfen und Kochherden nicht durchgeführt werden. Es müssen vielmehr mit der Dielung nicht im Zusammenhange stehende Unterbauten hergestellt werden. (Starke Ausbohlungen, Gewölbe, betonierte Wellbleche auf eisernen, in den Umfassungsmauern vermauerten Trägern.) In unterwölbten Räumen oder da, wo eine feuersichere Decke anderer Art oder der Erdboden liegt, sind besondere Fundamente aufzuführen.

Kachelöfen oder Kochherde aus Kacheln sind auf die Unterlagen (in gedielten Räumen unter Anordnung eines Holzrahmens, gegen den der Fußboden stößt) unmittelbar aufzusetzen. Für eiserne Öfen und Kochherde müssen auf die Ausbohlung zunächst Steinplatten (oder Fliesen) gelegt werden. Bei Balkenlagen ist ein entsprechend starker Lehmschlag über den Balken anzubringen. (Nicht ausreichend ist eine Bekleidung der Holzteile mit Zinkblech unter den Öfen.)

Tit. XVI. Gas- und Wasseranlagen.

Für die Berechnung der Gasauslässe ist die Flammenanzahl maßgebend.

Die Rohrleitungen (Gas-, Wasser-, Dampfleitungen; Leitungen für Abführung der Gebrauchswässer und Fäkalien) sind im allgemeinen nicht einzumauern, sondern frei an den Wänden und Decken entlang zu führen, damit sie für Ausbesserungen zugänglich sind. Rohrleitungen können auch in besseren Räumen und da, wo Beschädigungen eintreten können, in Mauerwerkschlitze gelegt werden, für die eine leicht abnehmbare Verkleidung hergestellt werden kann.

Nahe den Zapfstellen auf den Fluren sind mehrere Löscheimer zur schnelleren Bekämpfung eines Feuers aufzustellen.

Aborte in Wohngebäuden dürfen nur von Vorräumen oder Korridoren aus zugänglich sein.

Tit. XVII. Bauleitungskosten.

Die Kostenbeträge für die Bauleitung sind bei Staatsbauten nicht in die Anschläge aufzunehmen.

Tit. XVIII. Insgemein.

Die Beträge, welche für unvorhergesehene Fälle und zur Abrundung der Bausumme eingestellt werden, sollen in der Regel 3 bis 5 % der Bausumme betragen. Bei Instandsetzung und Ergänzungsbauten können sie bis auf 20 % erhöht werden.

Die Berechnung des Materialbedarfes zu den Maurer- und Dachdeckerarbeiten.

Dieselbe erfolgt nach dem Min.-Erlaß vom 4. Dezember 1888 (C.-Bl. d. Bauverwaltung S. 521). Wegen Verwendung von Zement siehe Min.-Erl. vom 9. September 1885 (C.-Bl. d. Bauverw. S. 389). Über Materialberechnung gibt der Band „Das Veranschlagen von Hochbauten von G. Benkwitz" ausreichend Auskunft.

Zentralheizungs- und Lüftungsanlagen.

Bei der Ausarbeitung der ausführlichen Bauentwürfe sind oben bezeichnete Anlagen in folgender Art vorzusehen:

a) in den Grundrissen sind die Heizstellen, die Räume für die Brennstoffe, die Rauchröhren und die Kanäle für frische und verbrauchte Luft zu bezeichnen;

b) im Erläuterungsbericht ist die Gesamtanlage eingehend zu beschreiben, auch sind die zum Wettbewerb aufzufordernden Unternehmer namhaft zu machen;

c) im Anschlag ist der Betrag nach dem Inhalt der zu heizenden Räume und dem Gesamtwärmebedarf auf Grund von Erfahrungssätzen überschläglich zu ermitteln. (Vergl. „Statistische Mitteilungen, Zeitschrift für Bauwesen".)

Reihenfolge der Bauarbeiten.

Für die zweckmäßige Aufeinanderfolge der Bauarbeiten ist ein Bauausführungsplan auszuarbeiten und der vorgesetzten Dienstbehörde einzureichen. Die Fristen in den Verträgen sind so zu bemessen, daß eine gute Ausführung gesichert ist.

Sobald die Baugelder zur Verfügung stehen, sind die Maurerarbeiten und -Materialien zu verdingen. Es müssen sodann vergeben werden: Die Steinmetzarbeiten, namentlich, soweit Werkstücke zum Verblenden der Mauern erforderlich sind, ferner Fenstervergitterungen, Anker, Dübel, Überlagsbohlen, Türzargen, eiserne Säulen und Träger, sodann Balkenlagen und Dachverbände.

Mit dem Putzen ist frühestens 6 Wochen nach Rohbauabnahme zu beginnen.

Neubauten dürfen erst in Benutzung genommen werden, wenn sie in allen Teilen gehörig ausgetrocknet und durchlüftet sind. Die Heizungsanlagen sind hinsichtlich ihrer Leistungsfähigkeit und Wirkung vor der Übergabe des Gebäudes eingehend zu prüfen. Für kleinere Bauten kann in der Regel die Gesamtlieferung der Ziegel auf einmal vergeben werden. Die Anfuhr ist jedoch nur dem Fortschreiten des Baues und dem zur Aufstellung verfügbaren Raume entsprechend zuzulassen. Bei größeren Bauten muß die Lieferung der Maurermaterialien in einzelnen Posten nach und nach vergeben werden.

Bei der Verdingung ist die Jahreszeit zu berücksichtigen, welche für die Staatskasse die meisten Vorteile bietet.

Betrieb auf der Baustelle.

Alle Aufmessungen, soweit sie der Abrechnung zu Grunde gelegt werden sollen, sind sogleich nach Vollendung der Arbeit in Gegenwart des Unternehmers oder eines von ihm Beauftragten vorzunehmen.

Zur Einrichtung größerer Baustellen ist für die Umfriedigungen, Zufuhrwege, mit Bezug auf die Lage der Schuppen, des Baubureaus, der Aborte, der Kalkgruben, der Brunnen, der Lagerplätze für Materialien ein Plan auszuarbeiten.

Zur Lagerung von Zement u. s. w. sind Bretterschuppen herzustellen. Materialien, welche gegen Entwendung und Vergeudung geschützt werden müssen, sind unter Verschluß zu halten. Sie sind von den bauleitenden Beamten nur gegen Empfangsbescheinigung auszuhändigen.

Falls die Ausführung nicht in General-Unternehmung erfolgt, und Kalk, nicht aber Kalkmörtel zu liefern ist, sind mindestens 2 Kalkgruben herzustellen. Vor der Benutzung müssen dieselben abgenommen werden. Herstellung der Gruben rechteckig oder kreisrund mit gemauerten Wänden und gepflastert mit Ziegeln.

Hinsichtlich der General-Unternehmung ist zu bemerken:

Bei einfacheren Bauausführungen von nicht mehr als 50 000 Mk. Kosten können alle Arbeiten und Lieferungen in General-Unternehmung erfolgen, namentlich dann, wenn die Baustellen vom Wohnorte des Baubeamten entfernt liegen. (Gleiche Verdingung bei höherem Kostenbetrage ausnahmsweise statthaft.)

Aufzufordern zur Abgabe von Angeboten sind nur tüchtige und leistungsfähige Unternehmer.

Bei Hochbauten, deren Ausführung technische Schwierigkeiten bieten oder welche künstlerisch ausgestattet werden sollen und der dauernden Einwirkung eines akademisch geschulten und erfahrenen Bauleiters bedürfen, muß von einer Vergebung in General-Unternehmung abgesehen werden.

Ziegelsteine, welche durch die Bauleitung abgenommen werden sollen, müssen gewöhnlich in Haufen von 150 oder 200 Stück aufgestellt werden. (12 Schichten zu 12 + 6 oder 12 Schichten zu 16 + 8 Steinen.)

Abgenommenes Material wird durch Bespritzen mit Kalkwasser gekennzeichnet.

Ehe die Fundierungsarbeiten beginnen, ist der Boden auf seine Beschaffenheit mehrmals genau zu untersuchen. Da, wo derselbe große Belastungen zu tragen hat, wie an den Hauptecken und zufolge stark belasteter Pfeiler, ist der Boden besonders sorgfältig zu untersuchen. In zweifelhaften Fällen sind Belastungsproben auszuführen.

Seitens der Verwaltung ist eine Absteckung der Hauptachsen und Fluchtlinien vorzunehmen. Bei größeren Bauten geschieht dies auf Grund eines besonderen Absteckungsplanes, von dem der Unternehmer eine Kopie erhält. Nachdem die Baugrube ausgehoben worden ist, hat der Unternehmer die Abschnürungen durch Schnurgerüste zu besorgen. Letztere hat der Bauleiter auf ihre Richtigkeit zu prüfen.

Nach Fertigstellung und Abgleichung der Fundamente sind an geeigneten Stellen Meßlatten mit Schichtenteilung anzubringen.

Besondere Bedingungen bei der Vergebung von Arbeiten.

Als Anhalt hierfür dient das nachfolgende Beispiel, für welches zumeist ein gebrochener Bogen benutzt wird. In diesem Falle sind die Überschriften links auf die Bogenseiten zu setzen.

Besondere Bedingungen.

Für die Verdingung und Ausführung von

. . . .

zum Bau des . . . .

(nebst den zugehörigen technischen Vorschriften).

§ 1. Gegenstand des Vertrages.

Gegenstand des Unternehmens ist die Ausführung der . . . . . Arbeiten . . . .
(die Lieferung der . . . .
. . . .
für den Bau des . . . .)

§ 2. Umfang der Leistungen des Unternehmers.

Die zu übernehmenden Arbeiten und Lieferungen ergeben sich aus dem Anschlage (Verdingungsanschläge, Angebote). Die Ausführung hat hiernach sowie auf Grund der zugehörigen Zeichnungen und sonstigen technischen Ausarbeitungen (der Massen-, statischen und Gewichtsberechnungen) zu erfolgen. Dem Hauptexemplar des Vertrages, welches zur Grundlage für die Ausführung und Abrechnung der Bauverwaltung verbleibt, sind die erwähnten, durch beiderseitige Namensunterschrift anzuerkennenden Unterlagen urschriftlich oder in beglaubigter Abschrift beizufügen.

Im übrigen gelten für den Umfang und die Art der Leistungen des Unternehmers die angefügten technischen Vorschriften (siehe S. 24).

§ 3. Nebenleistungen.

Hinsichtlich der Nebenleistungen wird auf die unter a) der technischen Vorschriften enthaltenen Bestimmungen verwiesen. Eine besondere Vergütung für die dort und im Verdingungsanschlage ausdrücklich aufgeführten Nebenleistungen findet nicht statt.

Nebenleistungen, welche weder im Verdingungsanschlage noch in den technischen Vorschriften vorgesehen sind, fallen nicht unter diesen Vertrag und können vom Unternehmer unentgeltlich nicht gefordert werden.

§ 4. Beginn, Fortführung und Vollendung der Arbeiten und Lieferungen.

Mit der Ausführung der Arbeiten (Lieferungen) ist am . . . . zu beginnen. Die Arbeiten und Lieferungen sind im einzelnen so zu fördern, daß . . . .

Die Fertigstellung sämtlicher im Verdingungsanschlage vorgesehener Leistungen einschließlich aller Nebenarbeiten muß bis zum . . . . erfolgt sein.

§ 5. Berechnung der dem Unternehmer zustehenden Vergütung, einschließlich der Vergütung für Tagelohnarbeiten.

Die Höhe der dem Unternehmer im ganzen zustehenden Vergütung wird nach den wirklichen Leistungen und Lieferungen unter Zugrundelegung der im Verdingungsanschlage oder in sonstiger Weise vereinbarten Einheitspreise berechnet.

Für alle mit Zustimmung oder auf Anordnung des bauleitenden Beamten zur Ausführung gelangenden, vom Vertrage abweichenden oder in diesem nicht vorgesehenen Leistungen oder Lieferungen sind unter dem Vorbehalte der Genehmigung derjenigen Behörde, welche den Betrag bestätigt hat, vor der Ausführung angemessene Entschädigungen schriftlich zu vereinbaren. Dafür, daß eine solche Vereinbarung rechtzeitig erfolgt, hat sowohl der leitende Baubeamte wie auch der Unternehmer zu sorgen.

Ist die Feststellung einer Vergütung für Mehrarbeiten verabsäumt worden, so muß der Unternehmer sich eine Entschädigung nach ortsüblichen, der Güte der Leistungen entsprechenden Preisen gefallen lassen.

Werden mit Zustimmung oder auf Anordnung der Bauverwaltung einzelne nicht vertragsmäßige Arbeiten im Tagelohn zur Ausführung gebracht, so kommen hierfür die vom Unternehmer bei Abgabe seines Angebotes anzumeldenden Lohnforderungen zur Berechnung. Diese betragen für die Arbeitsstunde:

a) eines Poliers, Werkführers oder Monteurs = . . . Pf.
b) eines Gesellen . . . . = . . . „
c) eines Lehrlings . . . . = . . . „
d) eines Arbeiters . . . . = . . . „

In diesen Lohnsätzen ist das sogenannte Meistergeld sowie das Vorhalten brauchbarer Gerüste und Geräte mit enthalten.

Ob und wieweit bei Tagelohnarbeiten zur Beaufsichtigung ein Polier verwendet und in Anrechnung gebracht werden darf, entscheidet der leitende Baubeamte auf Antrag des Unternehmers vor Inangriffnahme der Arbeiten.

Werden die Tagelohnarbeiten zu einer Zeit ausgeführt, in welcher zur Beaufsichtigung der vertragsmäßigen Leistungen Poliere auf der Baustelle tätig sind, so haben diese in der Regel auch die im Tagelohn beschäftigten Gesellen und Arbeiter anzuleiten und zu überwachen. In diesem Falle können besondere Entschädigungen für Poliere nur ausnahmsweise, wenn dies durch bestimmte Umstände gerechtfertigt erscheint, zugebilligt werden.

§ 6. Zahlungen.

Die Zahlungen an den Unternehmer erfolgen durch die Königl. . . . . in . . . . oder durch die . . . . Kasse in . . . .

Die Bestimmungen darüber, welche Zahlungen aus der einen oder der anderen Kasse geleistet werden, bleibt der bauleitenden Behörde vorbehalten.

§ 7. Höhe der Konventionalstrafe.

Hält der Unternehmer die in § 4 festgesetzten Fristen durch eigenes Verschulden nicht ein, so verfällt derselbe für jeden Tag der Verspätung in eine Konventionalstrafe von . . . . . Mark.

§ 8. Sicherstellung.

Die Sicherstellung der übernommenen Verbindlichkeiten soll durch eine Kaution erfolgen. Die Höhe derselben wird auf 5 % der Vertragssumme und zwar auf . . . . . . Mark festgesetzt. Die Kaution ist 14 Tage nach Erteilung des Zuschlages bei der Königl. . . . . . . Kasse in . . . . zu hinterlegen (wird durch Einbehaltung von den Abschlagszahlungen eingezogen).

Die Rückgabe der Kaution erfolgt, sobald die Verpflichtungen, zu deren Sicherstellung sie dienen soll, erfüllt sind, zu drei Fünftel des Gesamtbetrages mit . . . . . . Mark unmittelbar nach Ablauf der vereinbarten Gewährleistungszeit (§ 9). Ist eine solche nicht vereinbart, so erfolgt die Rückgabe der ganzen Kaution unmittelbar nach Beendigung der Arbeiten und Lieferungen.

Stellen sich vor Ablauf der Haftpflicht an den vom Unternehmer ausgeführten Arbeiten und Lieferungen Mängel heraus, so wird die Kaution so lange einbehalten, bis diese Mängel vollständig beseitigt sind. Die Rückgabe der Kaution wird der Baubeamte seiner Zeit unter Beifügung einer entsprechenden Entschädigung rechtzeitig in Anregung bringen.

§ 9. Gewährleistung.

Der Unternehmer bleibt für die Güte der von ihm gelieferten Arbeiten und Materialien nach erfolgter Schlußabnahme noch . . . . jahrelang verhaftet und ist verpflichtet, während dieser Zeit alle hervortretenden Mängel auf seine Kosten zu beseitigen.

Zeigt der Unternehmer sich hierin derart säumig und unzuverlässig, daß eine wiederholte Besichtigung der fraglichen Arbeiten durch den Baubeamten notwendig wird, so hat er die hierdurch entstehenden Unkosten zu tragen. Die Entscheidung darüber, was in jedem Einzelfalle zu geschehen hat, insbesondere die Feststellung und Einziehung der bezeichneten Unkosten, bleibt der vorgesetzten Dienstbehörde vorbehalten.

§ 10. Bezeichnung der Schiedsrichter und des Obmannes.

Im Anschluß an die allgemeinen Vertragsbedingungen (siehe diese im nachstehenden Abschnitt) soll das Schiedsgericht, welches bei Streitigkeiten über die durch den Vertrag begründeten Rechte und Pflichten sowie über die Ausführung des Vertrages anzurufen ist, mit Zustimmung beider Parteien gebildet werden aus:

1. . . . .
2. . . . .

Für den Fall, daß die Heranziehung eines Obmannes nötig werden sollte und die Schiedsrichter sich über die Wahl eines solchen nicht einigen können, erfolgt dessen Ernennung durch den Regierungspräsidenten in . . . .

§ 11. Rechnungsaufstellung.

Die vom Unternehmer einzureichenden Rechnungen sind dagegen unter Benutzung des vom Baubeamten vorzuschreibenden Formulars auszufertigen.

Die Rechnungen müssen frei von Berichtigungen und Rasuren bleiben, von dem Unternehmer unterschrieben sein, auch den Wohnort des letzteren und das Datum der Ausfertigung enthalten. Zu den Rechnungen ist Papier von 21 cm Breite und 33 cm Höhe zu verwenden. Damit ein Teil der Schrift und der Zahlen bei dem Zusammenheften der Belege nicht verdeckt wird, ist der innere Rand beiderseitig 1 cm breit freizulassen.

Die Rechnungen sind in der Form, Ausdrucksweise, Bezeichnung der Räume und Reihenfolge der Positionsnummern genau dem Vertragsbedingungsanschlage entsprechend aufzustellen.

Tagelohn- und Mehrarbeiten sind in besonderer Rechnung nachzuweisen unter Beifügung der getroffenen Vereinbarungen.

Der Unternehmer hat die Schlußrechnung spätestens . . . Wochen nach erfolgter Schlußabnahme zur Prüfung einzureichen.

Im übrigen wird auf die „Technischen Vorschriften" Bezug genommen.

Die Verdingungen zerfallen hiernach in einen allgemeinen Teil und in die technischen Vorschriften. Ersterer bezieht sich allgemein auf alle Arbeiten und Lieferungen, während die technischen Vorschriften je nach dem Gegenstande der Vergebung verschiedene Bestimmungen enthalten.

Allgemeine Vertragsbedingungen für die Ausführung von Staatsbauten.

(Ministerial-Erlaß vom 17. Januar 1900. IIIb, 601.)

§ 1. Gegenstand des Vertrages.

Der Gegenstand des Unternehmens bildet die Ausführung der im Vertrage bezeichneten Leistung oder Lieferung. Wird bei seitens der Verwaltung vorgenommenen nachträglichen Abänderungen eine Preisänderung bedingt, so erfolgt die Entschädigung im bisherigen Verhältnis zu dem vertragsgemäß vereinbartem Preise. Nicht vorgesehene Leistungen oder Lieferungen können dem Unternehmer nur mit seiner Zustimmung übertragen werden.

§ 2. Berechnung der Vergütung.

Die Vergütung an den Unternehmer wird nach den wirklichen Leistungen oder Lieferungen unter Zugrundelegung der Einheitspreise berechnet. Sofern für Nebenleistungen, insbesondere für Vorhaltung von Werkzeug und Geräten nicht Preise vorgesehen sind, werden diese nicht vergütet. Auch die Gestellung der zu den Güteprüfungen erforderlichen Arbeitskräfte, Maschinen und Geräte liegt dem Unternehmer ohne Entschädigung ob. Etwaige auf den Lieferungsgegenständen beruhende Patentgebühren trägt der Unternehmer. Er hat die Verwaltung gegen Patentansprüche Dritter zu vertreten.

Für Fässer und Verpackungsmaterial wird weder eine Vergütung geleistet noch eine Gewähr für gute Aufbewahrung übernommen. Sie gehen in das Eigentum der Verwaltung über, sofern nicht abweichende Vereinbarungen getroffen sind.

§ 3. Mehrleistungen oder Mehrlieferungen.

Einseitig oder ohne vorherige Bestellung (Auftrag) von dem Unternehmer bewirkte Leistungen oder Lieferungen brauchen nicht angenommen zu werden. Die Verwaltung ist befugt, solche Leistungen auf Gefahr und Kosten des Unternehmers wieder beseitigen zu lassen. Dieser hat bei Nichtannahme nicht nur keinerlei Vergütung für derartige Leistungen oder Lieferungen zu beanspruchen, sondern haftet auch für den Schaden, der etwa durch Abweichung vom Vertrage entstanden ist.

§ 4. Der Beginn, die Fortführung und Vollendung der Leistungen oder Lieferungen

hat innerhalb der vertragsmäßig festgesetzten Fristen zu erfolgen. Enthält der Vertrag keine Bestimmung über den Beginn, so hat der Unternehmer spätestens 14 Tage nach schriftlicher Aufforderung seitens der Verwaltung zu beginnen. Die Leistung oder Lieferung muß im

Verhältnis zu den bedungenen Vollendungsfristen fortgesetzt angemessen gefördert werden.

Die Vorräte an Materialien müssen allezeit den übernommenen Leistungen oder Lieferungen entsprechen.

§ 5. Vertragsstrafe.

Die Berechtigung der Verwaltung, eine Vertragsstrafe von dem Guthaben des Unternehmers einzubehalten, richtet sich nach §§ 339 bis 341 des B.G.B's. Die Vertragsstrafe gilt nicht als erlassen, wenn die Verwaltung verspätete oder ungenügende Leistungen oder Lieferungen vorbehaltlos angenommen hat. Für die Berechnung einer Vertragsstrafe ist der Zeitpunkt maßgebend, zu welchem die Leistung vertragsmäßig fertig gestellt oder die Lieferung an dem vertragsmäßig bezeichneten Anlieferungsort stattfinden sollte.

Eine tageweise zu berechnende Vertragsstrafe für verspätete Ausführung von Leistungen oder Lieferungen bleibt für die in die Zeit einer Verzögerung fallenden Sonntage und allgemeinen Feiertage außer Ansatz.

§ 6. Behinderung der Leistungen oder Lieferungen.

Glaubt der Unternehmer sich in der Fortführung der übernommenen Leistungen oder Lieferungen durch die Verwaltung oder höhere Gewalt behindert, so hat er der Verwaltung hiervon sofort Anzeige zu machen. Unterläßt er dieses, so steht ihm ein Anspruch auf Berücksichtigung der angeblich hindernden Umstände nicht zu.

Der Verwaltung bleibt vorbehalten, eine Fristverlängerung zu bewilligen. Nach Beseitigung der Hinderung sind die Leistungen oder Lieferungen ohne weitere Aufforderung sofort wieder aufzunehmen.

Über Unterbrechung der Bauausführung ist aus einem Ministerialerlaß vom 17. Januar 1902 einzufügen:

Für die bei Eintritt einer Unterbrechung oder gänzlichen Einstellung der Ausführung bereits geleisteten Ausführungen oder Lieferungen erhält der Unternehmer die den vertragsmäßig bedungenen Preisen entsprechende Vergütung. Ist für verschiedenwertige Arbeiten oder Lieferungen ein nach dem Durchschnitt bemessener Einheitspreis vereinbart, so ist unter Berücksichtigung des höheren oder geringeren

Wertes gegenüber den noch rückständigen Arbeiten oder Lieferungen ein von dem verabredeten Durchschnittspreise entsprechend abweichender neuer Einheitspreis für die Vergütung zu ermitteln.

Außerdem kann der Unternehmer den Ersatz des ihm nachweislich entstandenen Schadens beanspruchen, wenn die die Fortsetzung der Arbeiten hindernden Umstände sich auf seiten der Verwaltung zugetragen haben.

Eine Entschädigung für entgangenen Gewinn kann nicht beansprucht werden. Der Unternehmer ist zum Schadenersatz verpflichtet, wenn die Unterbrechung von ihm verschuldet wurde oder auf seiner Seite sich zugetragen hatte.

Ist die Unterbrechung durch Naturereignisse herbeigeführt worden, so kann der Unternehmer einen Schadenersatz nicht beanspruchen. Dauert die Unterbrechung länger als 6 Monate, so steht beiden Teilen der Rücktritt vom Vertrage frei. Die Rücktrittserklärung muß schriftlich erfolgen und spätestens 14 Tage nach Ablauf jener 6 Monate dem anderen Teile zugestellt werden; andernfalls bleibt — unbeschadet der inzwischen etwa erwachsenen Ansprüche auf Schadenersatz oder Vertragsstrafe — der Vertrag mit der Maßgabe in Kraft, daß die darin ausbedungene Vollendungsfrist um die Dauer der Unterbrechung verlängert wird.

§ 7. Güte der Arbeiten und Lieferungen.

Die Arbeiten oder Lieferungen müssen den besten Regeln der Technik und den besonderen Vertragsbestimmungen entsprechen.

Bei den Arbeiten dürfen nur tüchtige und geübte Arbeiter Verwendung finden. Arbeiter, welche die Verwaltung den gedachten Bedingungen nicht entsprechend findet, sind sofort und unter Ausschluß der Anrufung eines Schiedsgerichts zu beseitigen und durch untadelhafte zu ersetzen. Für hierbei entstehende Materialverluste hat der Unternehmer die Staatskasse schadlos zu halten.

Arbeiter, welche nach dem Urteil der Verwaltung untüchtig sind, müssen auf Verlangen entlassen und durch tüchtige ersetzt werden.

Materialien, welche dem Vertrage nicht entsprechen, sind auf Anordnung der Verwaltung innerhalb einer zu bestimmenden Frist von der Baustelle zu entfernen, widrigenfalls sie auf Kosten und für Rechnung des Unternehmers beliebig veräußert werden können.

Behufs Überwachung der Ausführung der Arbeiten sowie zur Vornahme von Materialprüfungen steht den Beauftragten der Verwaltung jederzeit während der Arbeitsstunden der Zutritt zu den Arbeitsplätzen und Werkstätten frei, in welchem zu dem Unternehmen gehörige Gegenstände angefertigt werden.

Auf Verlangen hat der Unternehmer den Beginn der Herstellungsarbeiten rechtzeitig der Verwaltung anzuzeigen.

Entstehen zwischen der Verwaltung und dem Unternehmer Meinungsverschiedenheiten über die Zuverlässigkeit der hierbei angewandten Untersuchungsarten, so kann der Unternehmer eine weitere Prüfung in der Königlichen Versuchsanstalt zu Charlottenburg verlangen, deren Festsetzungen endgültig entscheidend sind. Die hierbei entstehenden Kosten trägt der unterliegende Teil.

Die bei der Güteprüfung nicht vertragsgemäß befundenen Gegenstände hat Unternehmer unentgeltlich, und falls die Güteprüfung nicht in der Werkstatt, Fabrik u. s. w. des Unternehmers stattgefunden hat, auch frei Anlieferungsort zu ersetzen. Für die durch Zurückweisung entstehenden Kosten und Verluste an Materialien haftet Unternehmer.

§ 8. Erfüllung der dem Unternehmer, Handwerkern und Arbeitern gegenüber obliegenden Verbindlichkeiten.

Der Unternehmer hat der Verwaltung über die mit Handwerkern und Arbeitern in Betracht der Ausführung der Arbeiten oder Lieferungen geschlossenen Verträge jederzeit auf Erfordern Auskunft zu geben.

Sollte das angemessene Fortschreiten der Arbeiten oder Lieferungen dadurch in Frage gestellt werden, daß der Unternehmer Handwerkern oder Arbeitern gegenüber die Verpflichtungen aus dem Arbeitsvertrage nicht oder nicht pünktlich erfüllt, so bleibt der Verwaltung das Recht vorbehalten, die von dem Unternehmer geschuldeten Beträge für dessen Rechnung unmittelbar an die Berechtigten zu zahlen. Der Unternehmer hat die hierzu erforderlichen Unterlagen, Lohnlisten u. s. w. der Verwaltung zur Verfügung zu stellen.

§ 9. Fristen für die Beseitigung von Mängeln.

Wenn

a) die Arbeiten oder Lieferungen des Unternehmers untüchtig sind, oder

b) nach Maßgabe der verlaufenen Zeit nicht genügend gefördert sind, oder

c) der Unternehmer den von der Verwaltung gemäß § 8 getroffenen Anordnungen nicht nachkommt,

so ist er zur Beseitigung der Mängel oder Befolgung der getroffenen Anordnungen unter Bewilligung einer angemessenen Frist aufzufordern. Die Fristbestimmung erfolgt unbeschadet der der Verwaltung schon vor Ablauf dieser Frist zustehenden Rechte, insbesondere des Rechts auf Einziehung der verwirkten Vertragsstrafen. Dasselbe gilt mit Bezug auf den Erfolg der bei der Güteprüfung, bei der Abnahme und — soweit Naturalersatz stattfindet — auch der noch nach der Abnahme zurückgewiesenen Leistungen oder Lieferungen.

§ 10. Entziehung der Leistungen oder Lieferungen.

Kommt der Unternehmer innerhalb der Frist den Anordnungen der Verwaltung nicht nach, handelt er gegen die ihm durch § 7 Absatz 2 und 5 auferlegten Verpflichtungen, oder wird die Sicherheitsleistung (§ 23) nicht spätestens 14 Tage nach Aufforderung bewirkt, so ist die Verwaltung berechtigt, nach ihrer Wahl entweder

a) gänzlich vom Vertrage zurückzutreten und Schadenersatz wegen Nichterfüllung zu verlangen, oder

b) dem Unternehmer die weitere Ausführung der Arbeiten ganz oder teilweise zu entziehen und Schadenersatz wegen nicht genügender oder verspäteter Erfüllung zu verlangen, oder

c) auf Erfüllung der Verpflichtungen vorbehaltlich aller Schadenersatzansprüche zu bestehen.

Entscheidet sie sich gemäß a) oder b), so teilt sie dies dem Unternehmer mittelst eingeschriebenen Briefes mit. Erfolgt keine Mitteilung, so ist anzunehmen, daß sie sich gemäß c) entschieden habe.

Werden dem Unternehmer die Arbeiten oder Lieferungen ganz oder teilweise entzogen, so kann die Verwaltung, unbeschadet ihrer Schadenersatzansprüche, den noch nicht vollendeten Teil auf seine Kosten ausführen lassen oder selbst für seine Rechnung ausführen.

Auf die Berechnung der für die ausgeführten Arbeiten oder Lieferungen dem Unternehmer zustehenden Vergütung und den Umfang seiner Verpflichtung zum Schadenersatz finden die Bestimmungen des § 6 entsprechende Anwendung.

Nach beendeter Arbeit oder Lieferung wird dem Unternehmer eine Abrechnung mitgeteilt.

Abschlagszahlungen (§ 19) können im Fall der Arbeitsentziehung dem Unternehmer nur innerhalb desjenigen Betrages gewährt werden, welcher für ihn als sicheres Guthaben unter Berücksichtigung der entstandenen Gegenansprüche ermittelt ist.

§ 11. Ordnungsvorschriften.

Der Unternehmer oder dessen Vertreter muß sich auf Aufforderung auf der Baustelle einfinden, so oft nach Ermessen der Verwaltung die zu treffenden baulichen Anordnungen ein mündliches Benehmen auf der Baustelle erforderlich machen. Alle auf dem Bau beschäftigten Bevollmächtigten, Gehilfen und Arbeiter des Unternehmers sind bezüglich der Bauausführung und der Aufrechterhaltung der Ordnung auf dem Bauplatz den Anordnungen der Verwaltung unterworfen. Im Fall des Ungehorsams kann ihre sofortige Entfernung von der Baustelle verlangt werden.

Der Unternehmer hat, soweit es seinen Arbeitern nicht selbst möglich ist, angemessene Unterkunft oder Verpflegung zu entsprechenden Preisen zu finden und die dazu erforderlichen Einrichtungen auf eigene Kosten zu treffen. Er hat den in dieser Beziehung an ihn gestellten Anforderungen der Verwaltung zu genügen, auch denjenigen Anforderungen zu entsprechen, welche für die Gesundheit seiner Arbeiter und zur Wahrung der Reinlichkeit von der Verwaltung getroffen werden. Abtritte sind an den ihm angewiesenen Plätzen herzustellen, regelmäßig zu desinfizieren und demnächst wieder zu beseitigen. Der Unternehmer ist ferner verpflichtet, auf den Baustellen die zur ersten Hilfeleistung vor Ankunft des Arztes erforderlichen Verbandmittel und Arzneien nach den Weisungen der Verwaltung bereit zu halten. Die Verwaltung ist berechtigt, die ordnungsmäßige Ausführung auf Grund der Bestimmungen dieses Absatzes zu überwachen.

Der Unternehmer hat überhaupt Räume, Vorrichtungen oder

Gerätschaften, die er zur Verrichtung der Dienste zu beschaffen hat, so einzurichten und zu unterhalten und Dienstleistungen, die unter seiner Anordnung oder Leitung vorzunehmen sind, so zu regeln, daß die Angestellten und Arbeiter gegen Gefahr für Leben und Gesundheit soweit geschützt sind, als die Natur der Dienstleistung es gestattet (§ 618 des B.G.B.[5]).

Für die Bewachung seiner Geräte, Werkzeuge, Gerüste u. s. w. sowie seiner auf den Baustellen lagernden Materialien hat lediglich der Unternehmer Sorge zu tragen.

§ 12. Mitbenutzung von Rüstungen.

Die von dem Unternehmer herzustellenden Rüstungen sind während ihres Bestehens auch anderen Bauhandwerkern unentgeltlich zur Benutzung zu überlassen. Änderungen an den Rüstungen im Interesse der bequemeren Benutzung seitens der übrigen Bauhandwerker vorzunehmen, ist der Unternehmer nicht verpflichtet.

§ 13. Beobachtung polizeilicher Vorschriften. Haftung des Unternehmers für seine Angestellten.

Für die Befolgung der für Bauausführungen bestehenden polizeilichen Vorschriften und der etwa besonders ergehenden polizeilichen Anordnungen ist der Unternehmer für den ganzen Umfang seiner vertragsmäßigen Verpflichtungen verantwortlich. Kosten, welche ihm dadurch erwachsen, können der Staatskasse gegenüber nicht in Rechnung gestellt werden. Der Unternehmer trägt insbesondere die Verantwortung für die gehörige Stärke und sonstige Tüchtigkeit der Rüstungen, Transportbrücken u. s. w. Dieser Verantwortung unbeschadet ist er aber auch verpflichtet, eine von der Verwaltung angeordnete Ergänzung und Verstärkung der Rüstungen, Transportbrücken u. s. w. unverzüglich und auf eigene Kosten zu bewirken.

§ 14. Krankenversicherung der Arbeiter.

Auf Verlangen der Verwaltung hat der Unternehmer gegen Erstattung ausreichender Sicherheit eine den Vorschriften der §§ 69 bis 72 des Krankenversicherungsgesetzes unterliegende Baukrankenkasse entweder für seine versicherungspflichtigen Arbeiter und Angestellten allein, oder mit anderen Unternehmern, welchen die Ausführung von

Arbeiten auf eigene Rechnung übertragen wird, gemeinsam zu errichten. Eine für den ständigen Betrieb des Unternehmers bereits bestehende Betriebskrankenkasse kann unter dem im § 70 des Krankenversicherungsgesetzes vorgesehenen Bedingungen für das von dem Unternehmer bei der staatlichen Bauausführung verwendete Personal der Baukrankenkasse anerkannt werden.

Errichtet die Verwaltung selbst eine solche Kasse, so gehören die versicherungspflichtigen Personen mit dem Tage des Eintrittes dieser Kasse an. Ausgenommen sind diejenigen Personen, welche bereits einer anerkannten Krankenkasse zugehören. (Der Unternehmer erkennt das von der Verwaltung errichtete Statut der Baukrankenkasse als für ihn verbindlich an.) Der Unternehmer hat auf Verlangen der Verwaltung einen von dieser anteilig festzusetzenden Beitrag zu den Kosten der Kassen- und Rechnungsführung zu leisten.

Unterläßt es Unternehmer, die Krankenversicherung zu bewirken, so ist er verpflichtet, alle Aufwendungen zu erstatten, welche etwa der Verwaltung durch Erfüllung der aus dem Krankenversicherungsgesetz sich ergebenden Verpflichtungen erwachsen.

Die von dem Unternehmer bestellte Sicherheit haftet auch für die Erfüllung vorstehender, sich auf die Krankenversicherung beziehender Verpflichtungen.

§ 15. Haftpflicht des Unternehmers bei Eingriffen in die Rechte Dritter.

Für unbefugtes Betreten sowie Beschädigungen angrenzender Ländereien, insbesondere durch Entnahme oder Auflagerung von Erde oder anderen Gegenständen außerhalb der schriftlich dazu angewiesenen Flächen, ingleichen für die Folgen eigenmächtiger Versperrung von Wegen oder Wasserläufen haftet ausschließlich der Unternehmer, mögen diese Handlungen von ihm oder von seinen Bevollmächtigten, Gehilfen oder Arbeitern vorgenommen werden.

Für den Fall einer solchen widerrechtlichen und nach pflichtgemäßer Überzeugung der Verwaltung dem Unternehmer zur Last fallenden Beschädigung erklärt sich dieser damit einverstanden, daß die Verwaltung auf Verlangen des Beschädigten durch einen nach Anhörung der Verwaltung von ihr zu wählenden Sachverständigen auf seine Kosten den Betrag des Schadens ermittelt und für seine

Rechnung an den Beschädigten auszahlt, im Fall eines rechtlichen Zahlungshindernisses aber hinterlegt, sofern die Zahlung oder Hinterlegung mit der Maßgabe erfolgt, daß dem Unternehmer die Rückforderung für den Fall vorbehalten bleibt, daß auf seine gerichtliche Klage dem Beschädigten der Ersatzanspruch ganz oder teilweise aberkannt werden sollte.

§ 16. Aufmessungen während des Baues und Abnahme.

Die Verwaltung ist zu verlangen berechtigt, daß über alle später nicht mehr nachzumessenden Arbeiten von den beiderseits zu bezeichnenden Beauftragten während der Ausführung gegenseitig anzuerkennende Aufzeichnungen geführt werden, welche demnächst der Berechnung zu Grunde zu legen sind.

Von der Vollendung der Arbeiten und Lieferungen hat Unternehmer der Verwaltung durch eingeschriebenen Brief Anzeige zu machen, worauf der Termin für die Abnahme mit tunlichster Beschleunigung anberaumt und dem Unternehmer schriftlich gegen Behändigungsschein oder durch eingeschriebenen Brief bekannt gegeben wird.

Sollen die Arbeiten oder Lieferungen zu einem vertraglich bestimmten Zeitpunkte erfolgen, so ist der Unternehmer nicht berechtigt, die Abnahme vor jenem Zeitpunkte zu verlangen.

Über die Abnahme wird in der Regel eine Verhandlung aufgenommen. Auf Verlangen des Unternehmers muß dies geschehen. Diese ist vom Unternehmer oder dem Vertreter desselben mit zu vollziehen. Von der über die Abnahme aufgenommenen Verhandlung wird dem Unternehmer auf Verlangen beglaubigte Abschrift gegeben.

Erscheint in dem zur Abnahme anberaumten Termine nach Benachrichtung weder der Unternehmer noch sein Vertreter, so gelten die durch die Beauftragten der Verwaltung bewirkten Aufnahmen und sonstigen Feststellungen als anerkannt.

Auf die Feststellung des von dem Unternehmer Geleisteten im Falle der Entziehung der Arbeiten oder Lieferungen (§ 16) finden diese Bestimmungen gleichmäßige Anwendung. Müssen Teillieferungen sofort nach ihrer Anlieferung abgenommen werden, so bedarf es einer Benachrichtigung des Unternehmers hiervon nicht, vielmehr ist es seine Sache, für seine Anwesenheit oder Vertretung bei der Abnahme zu sorgen.

Hierzu §§ 8 und 9 der Vertragsbedingungen nach dem Ministerialerlaß S. 42 und 43.

Art der Anlieferung und Versand. Die Anlieferung der Leistungs- und Lieferungsgegenstände hat nach den Vertragsbestimmungen zu erfolgen. Ist Anlieferung frei Waggon vereinbart, so ist Unternehmer verpflichtet, die Materialien unter tunlichster Ausnutzung der Tragfähigkeit der Eisenbahnwagen aufzugeben und die hierbei entstehenden Nebenkosten (z. B. Ausfertigung der Frachtbriefe, die etwa verlangte bahnamtliche Gewichtsfeststellung) zu tragen. In die Frachtbriefe sind durch den Unternehmer die zu versendenden Materialien nach deren Benennung, Stückzahl, Gewicht bezw. Länge aufzunehmen. Unterlassung der Gewichtsangabe im Frachtbriefe seitens des Absenders soll dem Antrage auf bahnamtliche Gewichtsfeststellung gleich gerechnet werden.

Abnahme und Gewährleistung. Die Abnahme erfolgt an den von der Verwaltung zu bezeichnenden Empfangs-(Erfüllungs-) Orten. Erst mit dem Zeitpunkte der Abnahme des Eigentums geht die Gefahr auf die Verwaltung über.

Sollen die Arbeiten und Lieferungen zu einem vertraglich bestimmten Zeitpunkte erfolgen, so ist Unternehmer nicht berechtigt, die Abnahme früher zu verlangen. Ist die Güteprüfung bereits vorher vorgenommen und ihr Ergebnis als bedingungsgemäß anerkannt worden, so findet eine Wiederholung bei der Abnahme in der Regel nicht statt.

Mit der Abnahme beginnt die in den besonderen Bedingungen vorgesehene bezw. nach §§ 477, 638 des B.G.B. sich bestimmende Frist für die dem Unternehmer obliegende Gewährleistung für die Güte der Lieferung oder Leistung.

Der Einwand nicht rechtzeitiger Anzeige von Mängeln gelieferter Waren (§ 377 des Handelsgesetzbuches) ist nicht statthaft.

Bezüglich der zurückgewiesenen Gegenstände liegt dem Unternehmer die gleiche Ersatzpflicht ob wie bezüglich der bei der Güteprüfung nicht bedingungsgemäß befundenen Gegenstände. Für alle Gegenstände dagegen, welche sich während der Dauer der Gewährleistung als nicht bedingungsgemäß erweisen, oder für solche, welche infolge schlechten Materials oder mangelhafter Herstellung bei gewöhnlicher Betriebsnutzung, d. h. mit Ausschluß nachweisbarer Unfälle, betriebsunbrauchbar werden, oder bei der Bearbeitung als fehlerhaft sich herausstellen, ist Unternehmer verpflichtet,

a) sofern nach den besonderen Bedingungen Naturalersatz stattfindet und zwar

neue, den Bedingungen entsprechende Stücke frei Empfangs-(Erfüllungs-)Ort zu liefern. (Siehe Fristen für Nachlieferung § 9);

b) sofern nach den besonderen Bedingungen Geldausgleich eintritt:

1. den vertragsmäßigen Lieferpreis,
2. die Frachtkosten von dem Anlieferungsorte oder der demselben zunächst gelegenen Station nach dem Erfüllungsorte zu vergüten.

Bei Berechnung der Frachtkosten wird der zur Zeit der Ersatzforderung gültige Tarif für Wagenladungen von 10 000 kg zu Grunde gelegt. Die bezüglichen Beträge sind innerhalb 4 Wochen nach ergangener Aufforderung einzuzahlen.

§ 17. Rechnungsaufstellung.

Bezüglich der förmlichen Aufstellung der Rechnung, welche in Form, Ausdrucksweise, Bezeichnung der Bauteile und Reihenfolge der Posten genau nach dem Verdingungsanschlage einzurichten ist, hat der Unternehmer den von der Verwaltung gestellten Anforderungen zu entsprechen. Etwaige Mehrarbeiten oder Mehrlieferungen sind in besonderer Rechnung nachzuweisen unter deutlichem Hinweis auf die schriftlichen Vereinbarungen, welche darüber getroffen worden sind.

§ 18. Tagelohnrechnungen.

Werden im Auftrage der Verwaltung seitens des Unternehmers Tagelohnarbeiten ausgeführt, so ist die Liste der hierbei beschäftigten Arbeiter dem bauleitenden Beamten oder dessen Vertreter täglich vorzulegen. Etwaige Ausstellungen dagegen sind dem Unternehmer binnen längstens 8 Tagen mitzuteilen.

Die Tagelohnrechnungen sind längstens von 2 zu 2 Wochen einzureichen.

§ 19. Abschlagszahlungen.

Diese werden dem Unternehmer in angemessenen Fristen nach Maßgabe des jeweilig Geleisteten oder Gelieferten bis zu der von der Verwaltung mit Sicherheit vertretbaren Höhe gewährt (§ 10 letzter Absatz). Hiervon können noch nicht hinterlegte Sicherheitsbeträge (§ 23) sowie anderweitige auf dem Vertrage beruhende Forderungen der Verwaltung gegen den Unternehmer in Abzug gebracht werden.

§ 20. Schlußzahlung.

Sie erfolgt alsbald nach vollendeter Prüfung und Feststellung der vom Unternehmer einzureichenden Rechnung (§ 17).

Bleiben bei der Schlußabrechnung Meinungsverschiedenheiten zwischen der Verwaltung und dem Unternehmer bestehen, so soll diesem gleichwohl das ihm unbestritten zustehende Guthaben nicht vorenthalten werden.

Vor Empfangnahme des von der Verwaltung als Restguthaben zur Auszahlung angebotenen Betrages muß der Unternehmer aber Ansprüche, welche er aus dem Vertragsverhältnis über die behördlicherseits anerkannten hinaus etwa noch zu haben vermeint, bestimmt bezeichnen und sich vorbehalten, widrigenfalls die Geltendmachung dieser Ansprüche später ausgeschlossen ist.

§ 21. Zahlende Kasse.

Alle Zahlungen erfolgen, sofern nicht in den besonderen Bedingungen etwas anderes festgesetzt ist, durch die Kasse der Verwaltung, für welche die Arbeiten oder Lieferungen ausgeführt werden.

§ 22. Gewährleistung.

Die in den besonderen Bedingungen des Vertrages vorgesehenen, in Ermangelung solcher nach den allgemein gesetzlichen Vorschriften sich bestimmende Frist für die dem Unternehmer obliegende Gewährleistung für die Güte der Arbeit oder der Materialien beginnt mit dem Zeitpunkt der Abnahme. Ein Einwand nicht rechtzeitiger Anzeige von Mängeln gelieferter Waren (§ 377 des Handelsgesetzbuches) ist nicht statthaft.

§ 23. Sicherheitsleistung.

Die Sicherheit für die vollständige Vertragserfüllung kann durch Bürgen oder Pfänder bestellt werden, durch erstere nur mit Einwilligung der Verwaltung.

Die Höhe der zu bestellenden Pfänder beträgt 5 % der Vertragssumme, soweit nicht anders bestimmt ist.

Die Hinterlegung eines Generalpfandes für alle vom Unternehmer übernommene Verpflichtungen ist zulässig. Dasselbe kann von der Verwaltung bis zum Gesamtbetrage der Einzelpfänder erhöht werden.

Zum Pfande können bestellt werden entweder in das Reichs- oder Staatsschuldbuch eines Bundesstaates eingetragene Forderungen sowie die Stamm- und Stamm-Prioritätsaktien und Prioritäts-Obligationen derjenigen Eisenbahnen, deren Erwerb durch den preußischen Staat gesetzlich genehmigt ist, zum vollen Kurswerte, die übrigen bei der deutschen Reichsbank beleihbaren Effekten zu dem daselbst beleihbaren Bruchteil des Kurswertes.

Depotscheine der Reichsbank werden angenommen mit Verpfändungsurkunde des Unternehmers und Aushändigungsbescheinigung der Reichsbank. Desgleichen Sparkassenbücher. Wechsel nach Ermessen der Verwaltung.

Die Befriedigung aus den verpfändeten Werten erfolgt nach den gesetzlichen Bestimmungen. An Stelle einer Bürgschaft oder der Wechsel kann die Verwaltung jederzeit anderweitige Sicherheit verlangen.

Zins-, Renten- und Gewinnanteilscheine können dem Unternehmer belassen werden. Die Rückgabe der Pfänder erfolgt nach vollständiger Erfüllung der Verpflichtungen.

§ 24. Übertragbarkeit des Vertrages.

Ohne Genehmigung der Verwaltung darf Unternehmer seine vertragsmäßigen Verpflichtungen nicht auf andere übertragen.

Verfällt Unternehmer vor Erfüllung des Vertrages in Konkurs, so ist die Verwaltung berechtigt, den Vertrag mit dem Tage der Konkurseröffnung aufzuheben, auch kann dies geschehen, wenn das Guthaben des Unternehmers ganz oder teilweise mit Arrest belegt oder verpfändet wird.

Bezüglich der in solchem Falle zu gewährenden Vergütung oder Abschlagszahlung findet § 10 sinngemäße Anwendung.

Macht die Verwaltung von der Vertragsaufhebung Gebrauch, so teilt sie dies dem Konkursverwalter oder dem Unternehmer oder seinen Erben durch eingeschriebenen Brief mit. Erfolgt keine Mitteilung, so ist anzunehmen, daß sie auf Erfüllung und Fortsetzung des Vertrages besteht.

§ 25. Gerichtsstand.

Für die aus dem Vertrage entspringenden Rechtsstreitigkeiten hat der Unternehmer — unbeschadet der im § 26 vorgesehenen Zuständigkeit eines Schiedsgerichtes — bei dem zuständigen Gerichte Recht zu nehmen.

§ 26. Schiedsgerichte.

Streitigkeiten über die Rechte und Pflichten aus dem Vertrage sind zunächst der vertragschließenden Behörde zur Entscheidung vorzulegen. Diese gilt als anerkannt, falls der Unternehmer nicht binnen 4 Wochen der Behörde anzeigt, daß er auf schiedsrichterliche Entscheidung antrage.

Die Fortführung der vertragsmäßigen Bauarbeiten darf hierdurch nicht aufgehalten werden.

Auf das schiedsrichterliche Verfahren finden die Vorschriften der §§ 1025 bis 1048 der deutschen Zivilprozeß-Ordnung Anwendung.

Abgesehen von etwaigen Vorschriften in den besonderen Vertragsbedingungen ernennen die Verwaltung und der Unternehmer je einen Schiedsrichter, jedoch nicht aus der Zahl der unmittelbar Beteiligten oder der Beamten, zu deren Geschäftskreis die Angelegenheit gehört hat.

Findet eine Einigung nicht statt, so wird das Schiedsgericht durch einen Obmann ergänzt, der von dem Schiedsrichter gewählt wird, bezw. von dem Leiter derjenigen benachbarten Provinzialbehörde desselben Verwaltungszweiges. Der Obmann leitet die weiteren Verhandlungen und hat darüber zu befinden, ob und wieweit eine Verhandlungsergänzung (Beweisaufnahme u. s. w.) stattzufinden hat. Die Entscheidung über den Streitgegenstand erfolgt nach Stimmenmehrheit.

Bestehen mit Bezug auf Summen mehr als zwei Meinungen, so wird die für die größte Summe abgegebene Stimme der für die zunächst geringere abgegebenen hinzugerechnet.

Über die Tragung der Kosten entscheidet das Schiedsgericht nach billigem Ermessen. Wird der Schiedsspruch in den im § 1041 der Zivilprozeß-Ordnung bezeichneten Fällen aufgehoben, so hat die Entscheidung des Streitfalles im ordentlichen Rechtswege zu erfolgen.

§ 27. Kosten und Stempel.

Briefe und Depeschen, welche den Abschluß und die Ausführung des Vertrages betreffen, werden beiderseits frei gemacht.

Die Portokosten für Geld und sonstige Sendungen, welche im ausschließlichen Interesse des Unternehmers erfolgen, trägt dieser.

Die Kosten des Vertragsstempels trägt der Unternehmer nach Maßgabe der gesetzlichen Bestimmungen.

Die übrigen Kosten des Vertragsabschlusses fallen jedem Teile zur Hälfte zur Last.

Die allgemeinen Bedingungen hat der Unternehmer unter Angabe des Orts und der Zeit mit der Bemerkung „Anerkannt" eigenhändig zu unterschreiben.

Muster für die technischen Vorschriften*) bei Verdingung und Ausführung von Maurerarbeiten.

(Tit. II a des Anschlags.)

a. Nebenleistungen.

Sofern im Verdingungsanschlage nicht ausdrücklich etwas anderes bestimmt ist, werden die nachstehend bezeichneten Nebenleistungen nicht besonders entschädigt; es ist deshalb hierauf bei Bemessung der Preise Rücksicht zu nehmen:

1. Die Herstellung von Mauerwerk in Zementmörtel statt in Kalkmörtel, die Anlage von Bögen im Mauerwerk, die Anlage, der Verputz und das Ausfugen der im Geschoßmauerwerk liegenden Schornsteine sowie der Kanäle für Heizung und Lüftung und die Anlage von Rohrschlitzen.

---

*) Bei Vergebung der Bauarbeiten nach Anschlagstiteln.

2. Das Vermauern von Türdübeln, Kreuzholz- und Bohlenzargen — das Anschlagen und Vermauern der Balken- und Maueranker — die Ausmauerung längs der Ortbalken — die Bekleidung der Balken mit Dachsteinen in der Ausdehnung der Schornsteinkästen — das Einsetzen und Verputzen von Schornstein-Reinigungstüren und von Luftgittern.
3. Der Transport der Maurermaterialien von den auf der Baustelle befindlichen Lagerplätzen bis zum Ort der Verwendung.
4. Bei der Verblendung: Das Aufmauern von schlichten oder einfach gegliederten Pfeilern, Fenstereinfassungen u. s. w. — Die Reinigung und das Ausfugen der Flächen sowie die Berüstung derselben.
5. Bei den Putzarbeiten: Das Verputzen der Türen, Fenster, Fußleisten, Ofenröhren, das Nachputzen, Schlemmen und Weißen, das Verputzen von Stuckverzierungen und die Vorhaltung der Schablonen zum Ziehen von Gesimsen. — Die Beseitigung sämtlicher am Putz während der Bauausführung vorkommenden Schäden.
6. Die Bereitung des Mörtels und der Transport des hierzu und zur Ausführung des Mauerwerks erforderlichen Wassers innerhalb der Baustellen. Das Nässen der Mauersteine vor deren Verwendung.
7. Das Vorhalten sowie die An- und Abfuhr der Geräte und Rüstungen. — Das Vorhalten der zu den Absteckungen, Höhenmessungen und Abnahmemessungen erforderlichen Arbeitskräfte und Geräte.
8. Die Herstellung, Vorhaltung und Wiederbeseitigung von Baubuden und Aborten für die Arbeiter.

b. Abnahme.

Die Mauermassen sowie die Flächenmaße für die einzelnen Arbeiten sind folgendermaßen zu berechnen:

Die Berechnung der Mauermassen erfolgt in der im Kostenanschlage vorgeschriebenen Weise. (Vergl. die Massenberechnung in „Benkwitz, Das Veranschlagen von Hochbauten".)

Die Geschoßhöhen sind von der Oberkante bis zur Oberkante des Fußbodens zu berechnen. Für Bruchsteinmauerwerk sind die

Stärken auf halbe Dezimeter abzurunden. Für Stärken des Ziegelmauerwerks gelten folgende Maße:

bei	1/2	Stein	starken Mauern	= 12 cm,	
„	1	„	„ „	= 25 „	
„	1 1/2	„	„ „	= 38 „	
„	2	„	„ „	= 51 „	u. s. w. mit

einem Zuwachs von 13 cm für jede 1/2 Stein größere Mauerstärke.

Freistehende Schornsteine sind unter Angabe der Anzahl und Größe nach Metern der Höhe zu berechnen.

Die Gewölbe kommen mit den in die Ausführungszeichnungen eingeschriebenen Flächenmaßen zum Ansatz und zwar einschließlich der Hintermauerung.

Für Pflasterung ist die Flächenberechnung die gleiche. Gurtbogenöffnungen und Nischen treten aber hinzu.

Bei Putz- und Fugenarbeiten sind Fenster- und Türöffnungen, deren Leibungen geputzt oder gefugt werden sollen, nicht abzuziehen. Bei Gurtbögen wird eine Seite der Öffnung abgezogen, desgl. auch bei Türen, deren Futterbreite geringer ist als die Mauerstärke. Türöffnungen mit vollen Futtern sind beiderseitig in Abzug zu bringen.

c. Mörtel.

Die Mörtelbereitung ist nur durchaus zuverlässigen Arbeitern zu überlassen. Über Mischungsverhältnis gibt die Materialienberechnung (Benkwitz, Veranschlagen von Hochbauten) Auskunft.

Da abgebundener Mörtel nicht verwendet werden darf, so ist derselbe tunlichst am Tage seiner Zubereitung zu verarbeiten. Fertiger Kalkmörtel muß innerhalb 24 Stunden verarbeitet werden. Zementmörtel darf nicht über Mittag oder Nacht unverarbeitet bleiben.

d. Schutzvorkehrungen.

Bauteile, welche vor Eintritt des Winters nicht vollendet worden sind, müssen auf Anordnung der Bauverwaltung, da wo dieselbe dies für erforderlich erachtet, mit Ziegeln, Brettern, Sand, Strohverpackung abgedeckt werden. Öffnungen sind zuzusetzen. Notdächer oder andere Abdeckungen sind zum Schutz gegen die Einwirkungen des Frostes und Schnees, wo erforderlich, herzustellen. Hat der Unternehmer die Notwendigkeit solcher Schutzmaßregeln durch nicht rechtzeitige

Erfüllung seiner vertragsmäßigen Verpflichtungen hervorgerufen, so hat er die hierdurch entstehenden Kosten zu tragen.

e. Bruchsteinmauerwerk.

Es sind tunlichst lagerhafte Steine zu verwenden bezw. passend zu bearbeiten. Der Verband muß ein möglichst regelmäßiger sein. Die Steine selbst sind ausreichend in Mörtel zu betten. (Verzwicken der Fugen erforderlich.) Bruch- und Feldsteinmauerwerk soll tunlichst viele Binder enthalten. In Fundamentabsätzen muß stets eine Abgleichung stattfinden, im übrigen sind wagerechte Abgleichungen in je 1 m Höhe erforderlich. Ecken müssen mit großen, abwechselnd nach beiden Richtungen einbindenden Steinen aufgeführt werden. Für dauernd sichtbar bleibende Außenflächen müssen die Steine so passend bearbeitet werden, daß Verzwickungen in den Außenfugen vermieden werden können.

f. Ziegelmauerwerk.

Auf 1 m Höhe sind 13 Schichten anzunehmen. Die Aufmauerung geschieht unter Benutzung aufzustellender Meßlatten. Die Ziegel sind unmittelbar vor der Verwendung anzunässen. (Für Kellermauerwerk bezw. für Fundamente aus Ziegeln sind die am schärfsten gebrannten zu verarbeiten.)

In Flächen, welche geputzt werden sollen, sind die Fugen etwa 1 cm offen zu lassen oder der noch weiche Mörtel ist entsprechend auszukratzen.

Holzwerk ist stets derart trocken zu ummauern, daß zwischen Mörtel und Holz ein Zwischenraum von 3 cm verbleibt. Besonders sorgfältig sind die Balkenköpfe nach näheren Bestimmungen des Baubeamten zu ummauern.

g. Verblendmauerwerk.

Von Ausnahmen abgesehen, ist das Verblendmauerwerk gleichzeitig mit der Hintermauerung aufzuführen. Findet die Ausfugung nachträglich statt, so sind die äußeren Fugen 1,5 cm offen zu lassen oder der noch weiche Mörtel ist entsprechend auszukratzen.

Steine, deren Ansichtsflächen oder Kanten beschädigt sind, dürfen für eine Verblendung nicht verwendet werden. Das Verblendmauerwerk ist vor dem Abrüsten vollkommen zu reinigen (Salzsäure muß sehr verdünnt werden und bedingt ein gehöriges Abspülen mit Wasser). Das Abschleifen beschmutzter Flächen mit Eisen oder Steinen ist unstatthaft.

Fand die Ausfugung bereits bei Hochführung des Mauerwerks statt, so sind nach der Reinigung die Fugen genau zu untersuchen und wo erforderlich voll zu streichen.

Für nachträgliche Ausfugung ist Kalkmörtel (nicht Zementmörtel) zu verwenden. Farbezusatz zum Fugenmörtel ist unstatthaft, Zusatz von gutem Ziegelmehl mit Bewilligung der Bauverwaltung ist gestattet.

h. Versetzen von Werksteinen.

Soll der Unternehmer der Maurerarbeiten auch das Versetzen der Werksteine übernehmen, so werden ihm die mit Zeichen und Nummern versehenen Werkstücke zugewiesen. Zur Unterfütterung vor dem Vergießen dürfen keine Holzteile benutzt werden. (Schiefer- oder Blechstreifen sind statthaft.)

Zum Vergießen ist in der Regel Kalkmörtel oder hydraulischer Kalk, niemals reiner Zement oder Gips zu verwenden. Zum Schutz versetzter Werkstücke sind, wo erforderlich, Brettbekleidungen oder Lehmwülste anzubringen.

Freitragende Treppen sind bis zur völligen Erhärtung des für die Einmauerung benutzten Mörtels zu unterstützen.

Der Unternehmer hat auf seine Kosten die Werksteine heranzuschaffen und aufzubringen, Winden, Taue und sonstige Gerätschaften vorzuhalten und die Steine regelrecht zu vermauern und zu vergießen. Über etwa notwendig werdende Verstärkung der Gerüste ist mit der Verwaltung ein Einvernehmen zu erzielen.

i. Versetzen einzelner Säulen, Verlegen von Trägern u. s. w.

Das Versetzen, sofern nicht anderes vereinbart ist, ist Sache des Unternehmers. In diesem Falle hat letzterer die erforderlichen Hebegerüste, Taue u. s. w. zu beschaffen und vorzuhalten, auch für die Absteifung der Säulen zu sorgen.

Für die Untermauerung eiserner Säulen, Träger und Unterlagsplatten ist Klinkermauerwerk in Zementmörtel erforderlich.

k. Bogenmauerwerk und Gewölbe.

Die Bauverwaltung bestimmt über Verankerung der Bögen und Gewölbe, auch darüber, an welchen Bauteilen Zementmörtel, Klinker oder poröse Steine verwendet werden sollen.

Widerlager sind sogleich bei der Aufmauerung vorzukragen bezw. sorgfältig auszusparen. Bei Wölbungen gegen Träger müssen die Steine so zugehauen werden, daß sie genau an dieselben anschließen.

Bögen und Gewölbe dürfen erst nach vollständiger Erhärtung des Mörtels ausgerüstet werden, und zwar erst nach Genehmigung der Bauleitung. Erschütterungen sind beim Ausrüsten zu verhindern.

l. Rauch- und Lüftungsröhren.

Der Unternehmer ist dafür verantwortlich, daß bei Rauchröhren und Schornsteinen die baupolizeilichen Bestimmungen genau beachtet werden. Rauchröhren, Schornsteine und Lüftungsröhren sind immer glatt auszustreichen. Verstopfungen der Röhren sind zu verhüten. Alle Röhren sind nach Ausführung der Putzarbeiten zu untersuchen und zu reinigen.

m. Putzarbeiten.

Putzarbeiten dürfen erst nach gehörigem Austrocknen des Mauerwerks vorgenommen werden. Alle Wandflächen sind nach dem Reinigen anzufeuchten. Kanten, welche Beschädigungen ausgesetzt sind, sind zu brechen (abzufasen). Zwischen Holzwerk und dem noch halbtrockenen Putz muß eine feine Nut eingeschnitten werden. Zementputz ist nach der Fertigstellung noch einige Tage feucht zu halten.

Für Deckenschalungsputz dürfen nur trockene, schmal aufgetrennte Schalungsbretter verwendet werden. Bedenken gegen die vom Zimmermann angebrachten Schalungsbretter sind der Verwaltung mitzuteilen.

Der Anschluß des Deckenputzes an die Wände ist sorgfältig herzustellen, damit Risse vermieden werden. Die Befestigung der Rohrstengel hat mit geglühtem Eisendraht und breitköpfigen Nägeln zu erfolgen.

Das für den entsprechenden Fall nach vorstehendem Inhalt auszufertigende Schriftstück ist zu versehen mit dem Ort, der Zeitangabe, der Unterschrift des Baubeamten und des Unternehmers.

Besondere Bedingungen

für die Verdingung und Ausführung des

. . . . Gebäudes

zu . . . .

im General-Unternehmen.

Muster für die technischen Vorschriften.

a. Nebenleistungen.

Falls im Verdingungsvertrage nicht anders bestimmt ist, werden die nachstehend bezeichneten Nebenleistungen nicht vergütet. Bei Bemessung des Preises ist dies zu berücksichtigen.

(Die Nebenleistungen sind in ähnlicher Weise wie auf S. 70 aufzustellen.)

Am Schluß des Absatzes a) ist hinzuzufügen:

Der Unternehmer ist verpflichtet, das fertige Gebäude und die Baustellen auf seine Kosten gehörig zu reinigen, einschließlich der Fußböden, Treppen, Türen, Fenster u. s. w.

Auf die im Anschlage, „Tit. I Insgemein“, ausgesetzte Summe für unvorherzusehende Leistungen hat der Unternehmer keinen Anspruch. Diese bleibt von der Verdingung ausgeschlossen.

b. Abnahme

deckt sich mit den Bestimmungen des vorigen Abschnittes (S. 60).

c. Allgemeines.

Die Ausführungsart richtet sich nach den Bestimmungen (Kostenanschlag) und Anweisungen des Baubeamten. Die Beschaffung aller Materialien, soweit nichts anderes vereinbart wurde, ist lediglich Sache des Unternehmers. Mehr- oder Nachforderungen stehen ihm in dieser Beziehung auch dann nicht zu, wenn die Arbeiten oder Materialien nicht vollständig veranschlagt oder zu den Anschlagspreisen nicht zu haben sein sollten. Der Unternehmer hat sich von der Richtigkeit und Vollständigkeit des Anschlags vorher zu überzeugen.

d. Materialien.

Dieselben müssen von tadelloser Beschaffenheit sein und zu den anerkannt besten der in der Umgegend gebräuchlichen gehören.

Fundamentsteine (Bruch- oder Feldsteine) sind gesprengt oder geschlagen, lagerhaft und in Größen von 0,04 bis 0,1 cbm zu verwenden. Binder müssen in ausreichender Anzahl vorhanden sein.

Mauerziegel müssen wetterbeständig, gut durchgebrannt, ohne Brandborsten und Risse sein, auch müssen sie frei von Beimengungen von Kalk, Mergel u. dergl. sein. Mauerstärken werden nach dem Steinmaß festgestellt.

Falls nicht anders bestimmt, ist die Verblendung gleichzeitig mit dem Geschoßmauerwerk herzustellen. Hierzu sind die Steine sorgfältig auszusuchen und auf Wunsch zu sortieren.

Steine mit beschädigten Außenflächen und Kanten dürfen nicht verwendet werden. Vor Abrüstung muß das Verblendmauerwerk sachgemäß gereinigt werden.

Dachziegel müssen wetterbeständig, von fester Masse und scharf gebrannt sein.

Der Kalk muß neben ausreichender Bindekraft fett und frisch gelöscht zum Mörtel verwendet werden. Zement muß aus anerkannt guten Fabriken stammen und ist bis zur Verarbeitung trocken aufzubewahren.

Mauersand muß von scharfem Korn sein, ohne erdige oder lehmige Beimischungen.

Die Bauhölzer müssen bei vorgeschriebener Länge und Stärke völlig gesund, trocken, kernig und geradwüchsig sein.

Die Schnitthölzer für Zimmer- und Tischlerarbeiten müssen völlig trocken, nicht wasserblau, von gleichmäßiger Stärke, ohne Baumkanten sein und dürfen nur wenige kleine feste Äste haben.

Dielungsbretter müssen unter sich eine nahezu gleiche Breite haben (nicht unter 20, nicht über 30 cm); Schalungsbretter dürfen nicht über 20 cm breit sein.

Das Schmiedeeisen muß von sehnigem Gefüge, weich und nicht kaltbrüchig oder im Bruch kristallisiert sein; scharfgebogene Stellen dürfen keine Kanten- oder Längenrisse zeigen.

Das Gußeisen darf keine Sprünge, Blasen oder hohle Stellen zeigen und muß eine graue Bruchfläche haben.

Der Dachschiefer muß durchaus wetterbeständig sein, von gleichmäßiger Stärke und Farbe. (Nägel: verzinkte Eisennägel oder Kupfernägel.)

e. Arbeiten.

Alle Arbeiten sind nach den bewährtesten Regeln der Technik auszuführen; Erdgräben hinreichend weit anzulegen, Sohle wagerecht abzugleichen, Seitenwände, wenn erforderlich, abzusteifen. Freihaltung der Baugrube von Grundwasser ist Sache des Unternehmers, falls für Vergütung im Anschlag nichts vorgesehen ist. Fundamentsohle frostfrei 1 bis 1,25 m tief anzulegen. Druck auf die Fundamente möglichst gleichmäßig zu verteilen.

Für Maurerarbeiten: kunstgerechter Verband, vollfugig, in Lot und Wage; für Bruchsteinmauerwerk ausreichend viel Binder ohne viele Zwicke; bei Ziegelmauerwerk mit 1,2 cm Lagerfugen und 1 cm Stoßfugen; Bruchsteinmauerwerk bei jedem Absatz wagerecht abzugleichen; die im Rohbau stehenbleibenden Ansichtsflächen mit ausgesuchten Steinen von guten Kopflängen. Für die Ecken besonders bearbeitete Steine. Kellersohle mindestens 30 cm über höchstem Grundwasserstand.

Zu putzendes Mauerwerk ist mit offenen Fugen zu mauern. Die Mauern sind vor dem Putzen zu reinigen und anzunässen. Über Bögen, Gewölbe und Ausrüstung vergl. den vorigen Abschnitt (S. 64).

Die Isolierschichten sind aus gegossenem, mindestens 1 cm starkem Asphalt oder je nach den Bestimmungen des Kostenanschlages aus Asphaltplatten herzustellen.

Bei Steinmetzarbeiten ist zur Verklammerung, Verdübelung und Verankerung verzinktes oder verbleites Eisen zu verwenden; das Befestigen erfolgt durch Vergießen und Verstemmen mit Blei. Bei Treppen muß jede obere Stufe die untere um 2,5 bis 5 cm überdecken. Bei freitragenden Treppen ist stets ein Falz anzuordnen.

Das Vergießen der Quadern mit Zement ist nicht statthaft. Zu verwenden ist hydraulischer Kalk oder Fettkalk mit Ziegelmehl.

Die Zimmerarbeiten müssen in allen Verzapfungen und Verkämmungen genau anschließend gearbeitet werden. Freiliegende und der Witterung ausgesetzte Hölzer erhalten in den Zapfenlöchern eine Durchbohrung. In den Kämmen sind sie durch Abschrägung abzuwässern. Die Verzapfungen sind durch Holznägel zu sichern.

Für die Balkenlagen hat sich der Unternehmer an den fertigen Bauteilen selbst die Stichmaße zu nehmen.

Bei den Dielungen im Keller- und Erdgeschoß sind im Einvernehmen mit der Bauverwaltung Anordnungen zu treffen, durch welche einer Schwammbildung vorgebeugt wird.

Dachdeckungen sind mit dem vereinbarten Deckstoff völlig wasser- und schneedicht herzustellen und zwar in der bewährtesten Konstruktionsart.

Für Tischlerarbeiten ist möglichst astfreies, trockenes Holz zu nehmen. Alle Teile sind sauber zu hobeln und in den Verbindungen dicht schließend herzustellen. Die Maße hat der Unternehmer sich auf der Baustelle selbst zu beschaffen.

Tür- und Fensterbeschläge müssen ausreichend stark konstruiert werden. Die Schlösser müssen gute, nicht erlahmende Federn erhalten und müssen einen leichten Gang haben. Die Befestigung aller Beschlagteile darf nur durch Schrauben mit versenkten Köpfen stattfinden.

Die Verglasungen müssen die veranschlagten Glassorten, frei von Fehlern, aufweisen. Die Scheiben sind sorgfältig zu verstiften und zu verkitten.

Zu den Anstreicherarbeiten ist für die Ölfarbe Bleiweiß zu verwenden (Schlemmkreide ist ausgeschlossen). Alle Flächen sind vor dem Anstrich gut zu reinigen. Der Anstrich darf erst nach gutem Austrocknen der Flächen aufgebracht werden. Die Fugen im Holzwerk sind zu verkitten, harzige Stellen sind mit Schellack zu decken. Holzteile sind mit reinem Leinölfirnis, Eisenteile mit Mennige zu grundieren.

f. Gewichtsbescheinigung.

Für Lieferungsgegenstände, welche anschlagsgemäß nach Gewicht bezahlt werden, ist letzteres durch amtliche Wagescheine nachzuweisen, falls die Ermittlung nicht unter Aufsicht eines hierzu bestellten Beamten stattfinden kann.

g. Anzeigepflicht.

Seitens des Unternehmers sind dem Baubeamten nachstehende Zeitpunkte anzuzeigen:

1. Wann er den Bau beginnen will;
2. wann die Fundamentgräben ausgehoben sind;

3. wann das Fundament vollendet ist (und zwar vor dessen Verfüllung);
4. wann der Rohbau vollendet oder bei Holzbauten, wann das Gebäude gerichtet ist.

Werden diese Anzeigen nicht erstattet, so ist der unterzeichnete Baubeamte befugt, den Bauzustand auf Kosten des Unternehmers soweit wieder herstellen zu lassen, als dies zur Vornahme der Untersuchung erforderlich ist.

Ort, Datum, Unterschriften des Baubeamten und des Unternehmers.

Die beiden Teile der „besonderen Bedingungen" sind von den Vertragschließenden unterschriftlich zu vollziehen.

Materialproben und Probestücke.

Bei Anlieferung von Materialien (Ziegeln, Werksteinen, Mauersand u. s. w.) sind die Unternehmer verpflichtet, zugleich mit dem Angebot Materialproben vorzulegen, welche mit dem Siegel und der Unterschrift des Bietenden versehen sein müssen. Die Proben sind aufzubewahren.

Auch von Gegenständen, welche in größerer Anzahl angefertigt werden sollen (Türen, Fenster, Beschläge u. s. w.), sind vor der Verdingung Probestücke zu beschaffen. Sie bilden mit Bezug auf die Güte der Arbeit und des Baustoffes die Grundlage für die Preise des Angebots. Die der Ausführung zu Grunde zu legenden Probestücke müssen als solche gekennzeichnet und aufbewahrt werden, um gegebenen Falles als Beweismaterial dienen zu können. Lassen sich derartige Probestücke nicht rechtzeitig beschaffen, so ist es statthaft, auf geeignete Bauausführungen in der Nähe Bezug zu nehmen.

Hinsichtlich der Lieferung von Fensterglas ist der Runderlaß vom 7. Juli 1894 (C.-Bl. d. Bauv. S. 293) zu beachten.

Größere zusammengesetzte Eisenkonstruktionen.

Bei Anfertigung, Lieferung und Aufstellung sind die besonderen Bedingungen (Min.-Erl. vom 25. November 1891) zu beachten. Dieselben enthalten auszugsweise folgendes:

Nebenleistungen.

Besondere Vergütung wird nicht gewährt für:

1. den Versand sämtlicher Bauteile, Geräte, Werkzeuge u. s. w. bis zur Baustelle bezw. zur Verwendungs- oder Gebrauchsstelle;
2. die Ausführung der vorgeschriebenen Anordnungen und Lieferung der dazu gehörigen Materialien;
3. die Beschaffung, Aufstellung, Befestigung und Wiederbeseitigung der Gerüste und Hebezeuge zum Aufstellen der Eisenkonstruktionen nebst Zubehör;
4. das Einhauen der Auflagerplatten, der Steinschrauben, Ankerbolzen und sonstigen Teile in die Auflagerteile;
5. das Untergießen der Träger mit . . . . ., das Vergießen der Steinschrauben, Anker und sonstigen Teile mit . . . . ., einschließlich der Lieferung der hierzu erforderlichen Materialien.

Technische Vorschriften.

Der Unternehmer hat die ihm übergebenen Unterlagen (Zeichnungen, Berechnungen u. s. w.) seinerseits genau zu prüfen, auf etwa gefundene Unklarheiten aufmerksam zu machen und deren Beseitigung bei der vertragschließenden Verwaltung schriftlich zu beantragen.

Vom Unternehmer sind genaue Werkstattzeichnungen im Maßstabe von . . . . der natürlichen Größe anzufertigen. Auf Grund dieser Zeichnungen hat der Unternehmer die rechnungsmäßigen Gewichte im Benehmen mit der Verwaltung zu ermitteln.

Hierbei ist das Gewicht

des Schmiedeeisens	zu	7 800 kg,
„ Flußeisens	„	7 850 „
„ Gußeisens	„	7 250 „
„ Stahls	„	7 860 „
„ Bleies	„	11 470 „

für das Kubikmeter anzunehmen.

Beschaffenheit der Materialien.

Das Schweißeisen soll dicht, gut stauch- und schweißbar und weder kalt- noch rotbrüchig sein. Es soll keine Langrisse, offene Schweißnähte, Kantenrisse oder sonstige unganze Stellen aufweisen.

Das Flußeisen soll glatt gewalzt, ohne Schiefern und Blasen sein und darf weder Kantenrisse noch unganze Stellen haben.

Das Gußeisen. Die Gußstücke sollen, wenn nicht Hartguß oder besondere Gattierungen ausdrücklich vorgeschrieben sind, aus grauem, weichem Eisen sauber und fehlerfrei hergestellt sein. Der vorgeschriebene Flächeninhalt eines Querschnitts muß überall voll vorhanden sein; der Unterschied der Wanddicken darf bei gußeisernen Säulen bis zu 400 mm mittlerem äußerem Durchmesser und 4,0 m Länge die Größe von 5 mm nicht überschreiten. Bei Säulen von größeren Abmessungen wird der zulässige Unterschied für je 100 mm Mehrdurchmesser und für jedes Meter Mehrlänge um je 0,5 mm erhöht. Die Wandstärke hat jedoch in keinem Falle weniger als 10 mm zu betragen. Sollen Säulen aufrecht gegossen werden, so ist dies im Verdingungsanschlage besonders anzugeben.

Der Stahl muß ein durchaus gleichmäßiges Gefüge haben, möglichst rein und zähe sein.

Bekanntmachung der Verdingung.

In den Bekanntmachungen sind insbesondere aufzuführen:

1. Gegenstand und Umfang der Leistung (Teilung nach Handwerkszweigen, Losen u. s. w.;
2. Termin zur Eröffnung der Angebote;
3. die für den Zuschlag vorbehaltene Frist;
4. der Preis der Verdingungsanschläge, Zeichnungen, Bedingungen u. s. w., und
5. die Gelegenheit für die Einsichtnahme und den Bezug.

Verdingung der Bauten.

(Vergl. Kapitel 34 der Dienstanweisung für die Lokalbeamten.)

Leistungen und Lieferungen sind in der Regel öffentlich auszuschreiben. Mit Ausschluß der Öffentlichkeit können zu engerer Bewerbung ausgeschrieben werden:

1. Leistungen und Lieferungen, welche nur ein beschränkter Kreis von Unternehmern in geeigneter Weise ausführt;
2. Leistungen nnd Lieferungen, durch deren öffentliche Ausschreibung ein geeignetes Ergebnis nicht erzielt worden ist.

Unter Ausschluß jeder Ausschreibung kann die Vergebung erfolgen:

1. bei Leistungen und Lieferungen, deren überschläglicher Wert 1000 Mark nicht übersteigt;

2. bei Dringlichkeit des Bedarfes;
3. bei Leistungen und Lieferungen, deren Ausführung besondere Kunstfertigkeit erfordert;
4. bei Nachbestellungen von Materialien zur Ergänzung des für einen bestimmten Zweck ausgeschriebenen Gesamtbedarfes, sofern kein höherer Preis vereinbart wird als für die Hauptlieferung.

Zu engerer Bewerbung kann die Ausschreibung auch erfolgen, wenn der überschlägliche Wert des Verdingungsgegenstandes 5000 Mark nicht übersteigt. Zu allen Aufforderungen zu engerer Bewerbung müssen mindestens drei Bewerber aufgefordert werden (Min.-Erl. vom 22. September 1894).

Verdingungsverhandlung.

Über die Verdingung ist eine Verhandlung nachstehenden Inhalts aufzunehmen (Form: gebrochener Bogen).

Formular XVII.

Verdingungsverhandlung.

. . . . . ., den . . . .

Zur Eröffnung der Angebote, betreffend die für den Neubau . . . . . .
. . . .
in öffentlicher (beschränkter) Ausschreibung zu vergebende . . . .
. . . .
. . . .
. . . .
war auf heute . . . mittag . . Uhr im Baubureau . . . Straße Nr. . . ein Termin anberaumt.

Zu dem in den Zeitungen . . . .
. . . .
. . . .
angegebenen (zu dem infolge besonderer Aufforderung den Unternehmern: . . . .
. . . .
. . . .
mitgeteilten) Termine sind die nachstehend bezeichneten Angebote rechtzeitig eingegangen, welche in Gegenwart der erschienenen Bewerber und der von diesen bestellten Bevollmächtigten eröffnet wurden.

Nach rechnerischer Prüfung ergeben sich folgende Endsummen:

1. bei . . . . Mark . . Pf.
2. bei . . . . " . . "
3. bei . . . . " . . "
4. bei . . . . " . . "
5. bei . . . . " . . "
6. bei . . . . " . . "
. . . . " . . "

Name des Baubeamten und Datum.

Die Angebote weisen folgende Endsummen auf:

1. bei . . . . Mark . . Pf.
2. bei . . . . " . . "
3. bei . . . . " . . "
4. bei . . . . " . . "
5. bei . . . . " . . "
6. bei . . . . " . . "
. . . . " . . "

und enthalten, abgesehen von Nr. . . . sämtlich die ausdrückliche Erklärung, daß die Bewerber sich den Bedingungen, welche der Ausschreibung zu Grunde gelegt sind, unterwerfen.

Die rechnerische Prüfung der Angebote sowie die Berichtigung der Endsummen bleibt vorbehalten.

Da sonst nichts zu bemerken war, wurde diese Verhandlung geschlossen und von den anwesenden Bewerbern unterschrieben.

V. g. u.*)

. . . .
. . . .
. . . .
. . . .
. . . .
. . . .

G. w. o.**)

Der Königliche Kreisbauinspektor
N. N.
(Baurath.)

*) Vorgelesen, genehmigt, unterschrieben.

**) Geschehen wie oben.

Endtermin.

Bei allen kleineren Bauausführungen ist als Endtermin für die Fertigstellung der 1. Oktober anzusetzen.

(Anh. zum Min.-Erl. vom 20. Oktober 1882. Min.-Bl. S. 56, Anhang S. 225.)

Herstellung von Zentralheizungs- und Lüftungsanlagen.

Bei derselben hat die Verdingung auf Grund eines Wettbewerbes zu erfolgen. Bei Anlagen unter 20000 Mark Ausführungskosten sind bis drei, bei größeren Anlagen drei bis fünf Unternehmer aufzufordern. (Vgl. Bestimmungen und Bedingungen vom 17. Juli 1885 und Anweisung vom 15. April 1893. C.-Bl. d. Bauv. S. 177.)

Zementlieferungen.

Bei der Verdingung sind die „Normen für die einheitliche Lieferung und Prüfung von Portlandzement" zu Grunde zu legen. (Min.-Erl. vom 28. Juli 1887. C.-Bl. d. Bauv. S. 309.)

Vertragsabschluß und Vertragsstempel.

Nach der Zuschlagserteilung ist ein Vertrag abzuschließen. (Vgl. Bestimmungen vom 17. Juli 1885. C.-Bl. d. Bauv. S. 319.)

Derselbe hat folgenden Inhalt:

Formular XVIII.

. . . . Exemplar.

Zwischen dem Königl. Kreisbauinspektor . . . .
. . . .
und . . . .
. . . .
ist der nachstehende Vertrag unter dem Vorbehalt der Genehmigung d . . . . .
Königlichen . . . .
. . . . abgeschlossen worden.

§ 1.

D . . . . übernimmt die
. . . .
. . . .

§ 2.

Der Ausführung der Arbeiten und Lieferungen liegen (sofern es sich um die Vergebung der Herstellung von Bauwerken einschließlich der Erdarbeiten handelt) die angehefteten, von beiden Teilen unterschriebenen allgemeinen Vertragsbedingungen für die Ausführung von Hochbauten vom 17. Juli 1885 und die dazu gehörigen Nachträge (sofern es sich um Lieferung von beweglichen Sachen handelt) die allgemeinen Bedingungen für die Ausführung von Leistungen und Lieferungen vom 13. Dezember 1894, sowie die besonderen Vertragsbedingungen nebst den zugehörigen technischen Vorschriften zu Grunde. Für die Ausführung maßgebend sind ferner die auf den Gegenstand bezüglichen . . . . Blatt Zeichnungen, welche als zu diesem Vertrage gehörige Anlagen von beiden Teilen durch Unterschrift anerkannt sind.

§ 3.

Die Preise, welche der Unternehmer für die einzelnen Arbeiten und Leistungen zu empfangen hat, ergeben sich aus dem angehefteten Verdingungsanschlage vom

. . . ., welcher mit der Summe von: . . . .
. . . . abschließt.

Die Höhe der dem Unternehmer im ganzen nach beendeter Ausführung zustehenden Vergütung wird nach den wirklichen Leistungen und Lieferungen unter Zugrundelegung der im Verdingungsanschlage oder in sonstiger Weise vereinbarten Einzelpreisen berechnet.

§ 4.

Der Wert der zur Verwendung gelangenden Materialien in dem Zustande, in welchem sie mit dem Grund und Boden in dauernde Verbindung gebracht werden, beträgt . . . . Mark.
Der Wert der auf der Baustelle auszuführenden Arbeiten beträgt . . . . Mark.

§ 5.

Dieser Vertrag ist in zwei Exemplaren angefertigt und von beiden Teilen eigenhändig unterschrieben worden.

. . . ., den . . . .

Der Königliche Kreisbauinspektor **Der Unternehmer**

. . . .
. . . .

Bei Gemeindebauten ist an dieser Stelle folgender Vermerk zu machen:

Mit vorstehendem Vertrage erklären wir uns unter ausdrücklicher Anerkennung unserer Verpflichtung zur unentgeltlichen Leistung der Spann- und Handdienste einverstanden.

. . . ., den . . . .

. . . .
(Unterschrift der die Schul- (Kirchen-, politische) Gemeinde vertretenden Personen.)

Vorstehender Vertrag wird hiermit genehmigt.

Gemäß den Bedingungen hat der Unternehmer eine Kaution von:
. . . . Mark,
in Worten: . . . . Mark
bestellt (zu bestellen, welche von den Abschlagszahlungen einbehalten werden soll).

Der Vertrags-Ausführungsstempel, und zwar:

1. zu dem Hauptexemplar:
   a) der allgemeine Vertragsstempel mit . . . . Mark . . Pf.
   b) der Stempel von dem in § 4 angegebenen Materialwerte von . . . . . . Mark mit 1/3 % . . . . Mark . . Pf.

   Zusammen . . . . . Mark . . Pf.
2. zu dem Nebenexemplar mit . . . . Mark . . Pf.

ist verwendet.

. . . ., den . . . .

Königliche . . . .

Vertragsverzeichnis.

Bei größeren Bauten müssen für die abgeschlossenen Verträge besondere Verzeichnisse nach dem nachfolgenden Formular angelegt werden.

Formular XIX.

Vertragsverzeichnis,

betreffend den . . . .
. . . .

Nr.	Datum des Vertrages	Name des Unternehmers	Gegenstand des Vertrages	Kaution		Konventionalstrafe	Termin für die Abnahme	Betrag der Schlußrechnung	
				Betrag ℳ	Zeitpunkt der Rückgabe			ℳ	₰
—									
—									
—									

Bescheinigung der Abschlagszahlungen.

Wenn auf demselben Vertrag wiederholte Abschlagszahlungen zur Anweisung gelangen, so müssen jedesmal in den Bescheinigungen die früher geleisteten Zahlungen angegeben werden.

Die Eintragung der Abschlagszahlungen muß im Kassenbuch und im Abschlagszahlungsbuch stattfinden.

Formular XX.

Neubau . . . . Beleg-Nr. . . .
. . . .
Tit. . . . Pos. . . . des Anschlages vom . . . . .
J.-Nr. . . .

Abschlagszahlungs-Bescheinigung.

(. . . . Zwischenzahlung.)

Der . . . . in . . . .
. . . . hat auf Grund des Vertrages vom . . . .
Nr. . . . zum vorgedachten Bau bis jetzt laut umstehender Berechnung . . . .
geleistet (Lieferungen ausgeführt) im Werte von rund . . . . Mark.

Hierauf hat derselbe an Abschlagszahlungen bereits erhalten:
nach den Verfügungen . . . .
1. vom . . . . . . Nr. . . . = ... Mark,
2. vom . . . . . . Nr. . . . = ... "
3. vom . . . . . . Nr. . . . = ... "
4. vom . . . . . . Nr. . . . = ... "
zusammen ab . . . . Mark,
daher Guthaben . . . . Mark.

Es kann demselben ein weiterer Betrag von:

. . . . . . Mark,

in Worten: . . . . Mark mit Sicherheit abschläglich gezahlt werden.

. . . ., den . . . .

Der Königliche Bauinspektor

. . . .

(Ist der Baubeamte zur Anweisung von Abschlagszahlungen ermächtigt [vergl. § 224 der Dienstanweisung], so ist hinzuzufügen:

Die . . . . . . Kasse in . . . . wird hierdurch angewiesen, obigen Betrag aus dem Baufonds zu zahlen).

Rechnungsbelege, Abnahmebescheinigungen.

Zu den Rechnungen, Zahlungsanweisungen und Bescheinigungen müssen ganze oder halbe Bogen verwendet werden.

Formular XXI.

Neubau . . . . Beleg-Nr. . . .

. . . .

Kostenanschlag vom . . . .

Tit. . . . .

Pos. . . . .

Vertrag vom . . . .

Rechnung.

. . . .

. . . .

Nr.	Pos. des Verdingungsanschlages	Anzahl	Gegenstand	Geldbetrag im einzelnen ℳ	Geldbetrag im einzelnen ₰	Geldbetrag im ganzen ℳ	Geldbetrag im ganzen ₰	Bemerkungen

Hinsichtlich der Bescheinigung der Schlußabrechnung wird bestimmt: Der Schlußabrechnung ist eine Abnahmebescheinigung beizufügen, und zwar nach Formular XXII, wenn der Bau in Generalunternehmung, und nach Formular XXIII, wenn der Bau an mehrere Unternehmer verdungen war.

Formular XXII.

Abnahmebescheinigung.

Auf Grund örtlich bewirkter Bauabnahme wird hiermit bescheinigt, daß der Unternehmer . . . . zu . . . .
die durch den Vertrag vom . . . . Nr. . . . .
übernommene gesamte Ausführung des . . . . Baues . . . .
. . . . in . . . . . ., den Vereinbarungen entsprechend, tüchtig und rechtzeitig (mit . . . Tagen Verspätung) bewirkt hat.

Der dem Unternehmer im ganzen zustehende Geldbetrag ist in der beigefügten Schlußrechnung vom . . . . auf:
. . . . Mark . . Pf.
festgestellt. Der nach Berücksichtigung der bereits geleisteten Abschlagszahlungen dem Unternehmer noch zustehende Restbetrag ist am Schlusse der Rechnung nachgewiesen.

. . . ., den . . . .

Der Königliche Kreisbauinspektor

. . . .

Formular XXIII.

Abnahmebescheinigung.

Auf Grund der örtlichen Bauabnahme wird hierdurch bescheinigt, daß sämtliche in vorstehender Kostenzusammenstellung aufgeführten Leistungen und Lieferungen für den Bau d . . . .
. . . . in . . . .
nach Maßgabe des Kostenanschlages vom . . . ., der abgeschlossenen Verträge und der sonst getroffenen Vereinbarungen ordnungsmäßig unter Erfüllung der gestellten Bedingungen bewirkt sind; daß die für den Bau in Rechnung gestellten Materialien zur vollständigen Verwendung gelangt sind (oder daß die in besonderer Nachweisung aufgeführten Materialien im Bestande verblieben sind), und daß keine (nicht, oder . . . Mark) Erlöse aus dem Verkaufe erübrigte Materialien erzielt sind.

Die Kosten der Bauführung betragen nach der Schlußabrechnung vom . . .
. . . . im ganzen . . . . Mark . . . Pf.

. . . ., den . . . .

Der Königliche Bauinspektor

. . . .

Zweiter Teil.

Das Baupolizeirecht.

A. Allgemeines aus dem Bürgerlichen Gesetzbuch.

(Abgekürzt B.G.B.)

Das Bürgerliche Gesetzbuch, durch welches das deutsche Volk zum ersten Male in den Genuß eines einheitlichen bürgerlichen Rechts gelangt ist, trat am 1. Januar 1900 in Kraft.

Aus dem umfangreichen Inhalt ist auf alles das Bezug genommen, was der dem Baufach Angehörende zum Verständnis des Baupolizeirechts wissen muß.

Bezeichnungen und Begriffe.

Personen (natürliche Personen) sind die einzelnen Menschen.

Jeder Mensch ist rechtsfähig, d. h. fähig, Privatrechte und Pflichten zu haben. Die Rechtsfähigkeit nimmt mit der Geburt ihren Anfang. Die Volljährigkeit tritt mit dem vollendeten 21. Lebensjahre ein.

Sachen. Das B.G.B. versteht unter „Sachen" nur körperliche Gegenstände. Die Bezeichnung „Gegenstand" bezieht sich auf Sachen und Rechte.

Bestandteile einer Sache. Bestandteile einer Sache können nicht Gegenstand besonderer Rechte sein, falls die Bestandteile nicht voneinander getrennt werden können, ohne daß der eine oder der andere zerstört oder seinem Wesen nach eine Veränderung erfährt. So gehören zu den wesentlichen Bestandteilen eines Grundstücks Gebäude, auch Erzeugnisse des Bodens, solange sie mit demselben einen Zusammenhang haben. Zu den wesentlichen Bestandteilen eines Gebäudes sind die zur Ausführung eines solchen eingefügten Bauteile gehörig. Ausgenommen hiervon sind solche Sachen, die nur zu einem vorübergehenden Zweck eingefügt wurden.

Auch Rechte, die mit dem Eigentum an einem Grundstück verbunden sind, gehören zu den Bestandteilen desselben.

Unter Nutzungen versteht man die Früchte einer Sache oder eines Rechts, auch die Vorteile, welche sich durch den Gebrauch der Sache oder des Rechts ergeben.

Geschäftsfähigkeit. Geschäftsfähig ist jeder, der nicht geschäftsunfähig ist.

Geschäftsunfähig ist:

1. wer nicht das siebente Lebensjahr vollendet hat;
2. wer sich in einem die freie Willensbestimmung ausschließenden Zustande krankhafter Störung der Geistestätigkeit befindet, sofern nicht der Zustand seiner Natur nach ein vorübergehender ist;
3. wer wegen Geisteskrankheit entmündigt ist.

Willenserklärung. Die Willenserklärung eines Geschäftsunfähigen ist nichtig, auch eine solche, die im Zustande der Bewußtlosigkeit (oder vorübergehender geistiger Gestörtheit) abgegeben ist. Der Minderjährige bedarf zu einer Willenserklärung der Einwilligung seines gesetzlichen Vertreters. Ein Rechtsgeschäft, welches gegen ein gesetzliches Verbot verstößt, ist nichtig, sofern sich aus dem Gesetz nichts anderes ergibt.

Wenn ein Teil des Rechtsgeschäfts nichtig ist, so ist das ganze Rechtsgeschäft nichtig, wenn nicht angenommen werden kann, daß es auch ohne den nichtigen Teil vorgenommen sein würde.

Vertrag. An einen Vertrag ist der gebunden, der einem anderen die Vertragsschließung anträgt, falls er nicht die Gebundenheit ausgeschlossen hat. Der Antrag erlischt, wenn er dem Antragenden gegenüber abgelehnt wird, oder wenn er nicht diesem gegenüber rechtzeitig angenommen wird. Der einem Anwesenden gegenüber gemachte Antrag kann nur sofort angenommen werden. (Es gilt dies auch von Anträgen, die durch Fernsprecher von Person zu Person gemacht werden.) Ist seitens des Antragenden für die Antragsannahme eine Frist bestimmt, so kann die Annahme nur innerhalb der letzteren erfolgen.

Falls ein Rechtsgeschäft unter einer aufschiebenden Bedingung angenommen worden ist, so tritt die von der Bedingung abhängig gemachte Wirkung mit dem Eintritt der Bedingung ein.

Wird ein Rechtsgeschäft unter einer auflösenden Bedingnng vorgenommen, so endigt mit dem Eintritt der Bedingung die Wirkung desselben, und es tritt der frühere Rechtszustand wieder ein.

Vollmacht. Die Vollmachtserklärung erfolgt durch Erklärung gegenüber dem zu Bevollmächtigenden. Das Erlöschen bestimmt sich nach ihrer Erteilung des zu Grunde liegenden Rechtsverhältnisses. Die Vollmacht ist widerruflich. Die Vollmachtsurkunde ist nach dem Erlöschen zurückzugeben. Ein Zurückbehaltungsrecht besteht nicht. Die Vollmachtsurkunde, falls sie widerrufen werden kann, läßt sich durch den Vollmachtgeber durch öffentliche Bekanntmachung für kraftlos erklären. (Die Wirksamkeit tritt nach Ablauf eines Monats nach der letzten Bekanntmachung in öffentlichen Blättern ein.)

Fristen, Termine. Eine nach Tagen bestimmte Frist endigt mit dem Ablauf des letzten Tages der Frist.

Unter einem halben Jahr wird eine Frist von 6 Monaten, unter einem Vierteljahr eine solche von 3 Monaten, unter einem halben Monat eine Frist von 15 Tagen verstanden. Unter Anfang des Monats wird der erste, unter Mitte des Monats der 15., unter Ende desselben der letzte Monatstag verstanden. An Stelle der Sonn- oder staatlich anerkannten allgemeinen Feiertage treten die entsprechenden nächsten Werktage.

Verjährung. Das Recht, von einem andern ein Tun oder ein Unterlassen zu verlangen (Anspruch), unterliegt der Verjährung (Ausnahme: Anspruch aus einem familienrechtlichen Verhältnis).

Die regelmäßige Verjährungsfrist beträgt 30 Jahre.

Kurze Verjährungen. In 2 Jahren verjähren die Ansprüche:

1. der Kaufleute, Fabrikanten, Handwerker und derjenigen, welche ein Kunstgewerbe betreiben, für Lieferungen von Waren, Ausführung von Arbeiten und Besorgung fremder Geschäfte, mit Ausschluß der Auslagen, es sei denn, daß die Leistung für den Gewerbebetrieb des Schuldners erfolgt;

2. der Eisenbahnunternehmungen, Frachtfuhrleute, Schiffer, Lohnkutscher, Boten wegen des Fahrgeldes, der Fracht, des Fuhr- und Botenlohnes mit Einschluß der Auslagen;
3. derjenigen, welche bewegliche Sachen gewerbemäßig vermieten, wegen der Mietszinsen oder die Besorgung fremder Geschäfte, oder die Leistung von Diensten gewerbsmäßig betreiben;
4. der gewerblichen Arbeiter — Gesellen, Gehilfen, Lehrlinge —, Fabrikarbeiter, der Tagelöhner und Handwerker wegen des Lohnes oder vereinbarter Leistungen, der Lehrherrn und Lehrmeister wegen des Lehrgeldes und anderer, im Lehrvertrage vereinbarter Leistungen.

Soweit die in Absatz 1 bezeichneten Ansprüche nicht der Verjährung von 2 Jahren unterliegen, verjähren sie in 4 Jahren.

Anmerkung. Das B.G.B. enthält noch weitere, für den Techniker bedeutungslose Abschnitte über Verjährung.

Die Verjährung beginnt mit der Entstehung des Anspruchs. Sie wird gehemmt, solange die Leistung gestundet oder der Verpflichtete aus einem anderen Grunde vorübergehend zur Weigerung der Leistung berechtigt ist.

Die Verjährung wird unterbrochen, wenn der Berechtigte auf Befriedigung oder auf Feststellung des Anspruchs, auf Erteilung der Vollstreckungsklausel oder auf Erlassung des Zwangsvollstreckungsurteils Klage erhebt.

Der Klageerhebung stehen gleich:

1. Zustellung eines Zahlungsbefehls im Mahnverfahren;
2. Anmeldung des Anspruchs im Konkurse;
3. Geltendmachung der Aufrechnung des Anspruchs im Prozesse;
4. Streitverkündigung in dem Prozesse, von dessen Ausgang der Anspruch abhängt;
5. Vornahme einer Vollstreckungshandlung, bezw. die Antragstellung auf Zwangsvollstreckung.

Sicherheitsleistung. Sie kann bewirkt werden durch Hinterlegung von Geld oder Wertpapieren, durch Verpfändung von Forderungen, die in das Reichs- oder Staatsschuldbuch eingetragen sind. Auch die Stellung eines Bürgen ist zulässig.

Wertpapiere sind zur Sicherstellung nur geeignet, wenn sie auf Inhaber lauten.

Mit der Hinterlegung erwirbt der Berechtigte ein Pfandrecht.

Mit Wertpapieren kann Sicherheit nur in Höhe von drei Vierteilen des Kurswertes geleistet werden.

Recht der Schuldverhältnisse. Quittung. Der Gläubiger hat gegen Empfang der Leistung ein schriftliches Empfangserkenntnis (Quittung) zu erteilen.

Übertragung der Forderung. Abtretung. Eine Forderung kann von dem Gläubiger durch Vertrag mit einem anderen auf diesen übertragen werden (Abtretung).

Eigentum. Das Recht des Eigentümers eines Grundstücks erstreckt sich auf den Raum über der Oberfläche und auf den Erdkörper unter derselben. Der Eigentümer kann jedoch Einwirkungen nicht verbieten, die in solcher Höhe oder Tiefe vorgenommen werden, daß er an der Ausschließung kein Interesse hat. (Der Mangel des Interesses ist vom Gegner zu beweisen.)

Nachbarrechte. Einwirkung durch Dämpfe, Rauch u. s. w. Der Eigentümer eines Grundstücks kann die Zuführung von Gasen, Dämpfen, Gerüchen, Rauch, Ruß, Wärme, Geräusch, Erschütterungen und ähnliche von einem anderen Grundstück ausgehende Einwirkungen insoweit nicht verbieten, als die Einwirkung die Benutzung seines Grundstücks nicht oder nur unwesentlich beeinträchtigt oder durch eine Benutzung des anderen Grundstücks herbeigeführt wird, die nach den örtlichen Verhältnissen bei Grundstücken dieser Art gewöhnlich ist.

Gefährdende Anlagen. Der Eigentümer eines Grundstücks kann verlangen, daß auf den Nachbargrundstücken nicht Anlagen hergestellt oder gehalten werden, von denen mit Sicherheit vorauszusehen ist, daß ihr Bestand oder ihre Benutzung eine unzulässige Einwirkung auf seine Grundstücke zur Folge hat.

Vertiefung des Bodens. Ein Grundstück darf nicht in der Weise vertieft werden, daß der Boden des Nachbargrundstückes die erforderliche Stütze verliert, es sei denn, daß für eine genügende anderweitige Befestigung gesorgt ist.

Überhangsrecht. Der Eigentümer eines Grundstücks kann Wurzeln eines Baumes oder eines Strauches, die von einem Nachbargrundstück eingedrungen sind, abschneiden und behalten. Das Gleiche gilt von überhängenden Zweigen, wenn der Eigentümer dem Besitzer des Nachbargrundstücks eine angemessene Frist zur Beseitigung bestimmt hat und die Beseitigung innerhalb dieser Frist nicht erfolgt. Dem Eigentümer steht dieses Recht aber nicht zu, wenn die Wurzeln oder die Zweige die Benutzung des Grundstücks nicht beeinträchtigen.

Gefahr des Einsturzes. Droht einem Grundstück die Gefahr, daß es durch den Einsturz eines Gebäudes oder eines anderen Werkes, das mit dem Nachbargrundstück verbunden ist, oder durch die Ablösung von Teilen des Gebäudes oder Werkes beschädigt wird, so kann der Eigentümer von demjenigen, welcher für den eingetretenen Schaden verantwortlich sein würde, verlangen, daß er die zur Abwendung der Gefahr erforderliche Vorkehrung trifft. Verpflichtet hierzu ist der Besitzer, sofern der Einsturz oder die Ablösung die Folge fehlerhafter Errichtung oder mangelnder Unterhaltung ist.

Überbau. Hat der Eigentümer eines Grundstücks bei Errichtung eines Gebäudes über die Grenze gebaut, ohne daß ihm der Vorsatz oder grobe Fahrlässigkeit zur Last gelegt werden kann, so hat der Nachbar den Überbau zu dulden, es sei denn, daß er vor oder sofort nach der Grenzüberschreitung Einspruch erhoben hat. Der Nachbar ist durch eine Geldrente zu entschädigen.

Grenze. Der Eigentümer eines Grundstücks kann von dem Eigentümer eines Nachbargrundstücks verlangen, daß dieser zur Errichtung fester Grenzzeichen mitwirkt.

Grenzeinrichtung. Werden zwei Grundstücke durch einen Zwischenraum, Rain, Graben, eine Mauer, Zaun, Planke oder eine andere Einrichtung, die zum Vorteile beider Grundstücke dient, voneinander geschieden, so wird vermutet, daß die Eigentümer zur Benutzung der Errichtung gemeinschaftlich berechtigt seien, sofern nicht äußere Merkmale darauf hinweisen, daß die Einrichtung einem der Nachbarn allein gehört.

Nach diesen allgemeinen, dem Bürgerlichen Gesetzbuch entnommenen Bestimmungen wird nachfolgend auf das Baupolizeirecht näher eingegangen.

B. Begriff und Begrenzung der Baupolizei.

Die Baupolizei gehört als besonderer Zweig der Polizei an. Sie greift tief und vielseitig in die wirtschaftlichen und sanitären, auch in die sittlichen und sozialen Verhältnisse ein.

Der Baupolizei liegt es im besonderen ob, solche Anordnungen zu treffen, daß auf Errichtung baulicher Anlagen Gefahren und Unglücksfälle vermieden werden. Sie bezieht sich daher nicht nur allein auf Hochbauten, sondern überhaupt auf jede bauliche Anlage, also auch auf Tiefbauten. Insbesondere liegt ihr auch die Fürsorge gegen Feuersgefahr bei Bauausführungen ob. Auch in gesundheitlicher Beziehung hat die Baupolizei weitgehende Befugnisse.

Das Baupolizeirecht bezieht sich auf die Rechtsgrundsätze gegenüber den Bauenden wie den Bauten.

C. Bestimmungen des Reichsstrafgesetzbuches über die strafbare Verletzung baupolizeilicher und bautechnischer Vorschriften.

Wer durch Fahrlässigkeit den Tod eines Menschen verursacht, wird mit Gefängnis bis zu drei Jahren bestraft. Wenn der Täter zu der Aufmerksamkeit, welche er aus den Augen setzte, vermöge seines Amtes, Berufes oder Gewerbes besonders verpflichtet war, so kann die Strafe bis auf 5 Jahre erhöht werden.

Wer vorsätzlich und rechtswidrig ein Gebäude oder irgend ein Bauwerk zerstört, wird mit Gefängnis nicht unter einem Monat bestraft. Der Versuch ist strafbar.

Wer bei der Leitung der Ausführung eines Baues wider die allgemein anerkannten Regeln der Baukunst derart verstößt, daß hieraus Gefahr für andere entsteht, wird mit Geldstrafe bis zu 900 Mark oder mit Gefängnis bis zu einem Jahr bestraft.

Anmerkung. Der Ausdruck „Bau" bezieht sich nicht nur auf den Hochbau, er umfaßt auch die Erdarbeiten, die ihn vorbereiten, ebenso auch den Tiefbau (Wasser-, Brücken- und Straßenbau). Gleichfalls findet die Bestimmung Anwendung auf die Herstellung der Baugerüste. Bei der Strafbemessung wird nicht nur der Baumeister, sondern jeder mit der Bauleitung Beauftragte, unter Umständen auch der Bauherr getroffen. Das Handeln umfaßt auch Unterlassungen. Ob gegen die allgemeinen Regeln der Baukunst gehandelt ist, wird durch ein Gutachten von Sachverständigen entschieden. Gefahr für das Eigentum genügt nicht zur Bestrafung. Die Gefahr muß für Leben und Gesundheit von Personen („für andere") entstanden sein.

Mit Geldstrafe bis einhundert Mark oder mit Haft wird bestraft:

1. wer auf öffentlichen Straßen, Wegen oder Plätzen, auf Höfen, in Häusern und an Orten, an welchen Menschen verkehren, Brunnen, Keller, Gruben, Öffnungen oder Abhänge dergestalt unverdeckt oder unverwahrt läßt, daß daraus Gefahr für andere entstehen kann;

2. wer trotz polizeilicher Aufforderung unterläßt, Gebäude, welche dem Einsturz drohen, auszubessern oder niederzureißen;

Anmerkung. Ist von der zuständigen Ortsbehörde eine Aufforderung erlassen, so ist die Nichtbefolgung strafbar. Hierbei ist es nicht Sache des Strafrichters festzustellen, ob die angeordnete Maßregel unter Berücksichtigung des baulichen Zustandes wirklich notwendig war.

3. wer Bauten oder Ausbesserungen von Gebäuden, Brunnen, Brücken u. s. w. vornimmt, ohne die von der Polizei angeordneten oder sonst notwendigen Sicherheitsmaßregeln zu treffen;

Anmerkung. Als Sicherheitsmaßregeln sind solche Anordnungen zu verstehen, welche das Publikum wie auch die Arbeiter vor Unfällen schützen. (Warnungszeichen, Einfriedigungen, Schutzdächer bei Rüstungen u. s. w.) Durch eine Vernachlässigung der gesetzlichen Bestimmung wird der Schuldige für jeglichen Schaden verantwortlich gemacht, der dadurch hätte vermieden werden können, daß nach den Vorschriften verfahren worden wäre.

4. wer als Bauherr, Bauausführender oder Bauhandwerker einen Bau oder eine Ausbesserung, wozu polizeiliche Genehmigung erforderlich ist, ohne diese oder mit eigenmächtiger Abweichung von dem genehmigten Bauplan ausführt oder ausführen läßt.

Anmerkung. Jede der genannten Personen ist selbständig haftbar. Die Strafandrohung bezieht sich aber nur auf den „ausführenden" (leitenden) Bauhandwerker, nicht auf die unter Leitung eines Unternehmers arbeitenden Leute.

Der Baubeginn ohne Genehmigung begründet die Strafbarkeit. Da aber nicht das Vorhandensein des Baues nach nicht genehmigtem Plan, sondern das „Bauen" (die Tätigkeit) strafbar ist, so beginnt mit der Bauvollendung die Verjährung.

Ist durch Versehen der Polizeibehörde zu einem Bau die Genehmigung erteilt worden, dessen Bauplan mit dem örtlichen Baurecht nicht im Einklang steht, so kann der Bauherr nicht zur strafrechtlichen Verantwortung gezogen werden. Das Recht der Zurückforderung und Berichtigung des Konsenses steht der Polizeibehörde zu.

Mit Geldstrafe bis zu 60 Mark oder mit Haft bis zu 14 Tagen wird bestraft:

1. wer ohne polizeiliche Erlaubnis eine Feuerstätte errichtet oder eine bereits vorhandene an einen anderen Ort verlegt;
2. wer es unterläßt dafür zu sorgen, daß die Feuerstätten in seinem Hause in baulichem und brandsicherem Zustande unterhalten, oder daß die Schornsteine zur rechten Zeit gereinigt werden.

Anmerkung. Unterhaltung bedeutet „Unterhaltung in vorschriftsmäßigem Zustande". Mit Bezug auf die unter 1 erwähnte unstatthafte Handlung tritt nach 3 Monaten eine Verjährung ein, und das Weiterbestehen der neuen Anlage kann keine Bestrafung hervorrufen. Andrerseits ist auch nach 3 Monaten eine zwangsweise polizeiliche Beseitigung zulässig.

Die Bestimmung unter 2 bezieht sich nur auf denjenigen, welcher zur Zeit das Verfügungsrecht über das Haus besitzt (Eigentümer). Privatrechtliche Verpflichtungen des Mieters, die unter 2 genannten Pflichten selbst zu erfüllen, schützen den Eigentümer nicht vor einer Bestrafung in gegebenem Falle.

Mit Geldstrafe bis zu 100 Mark oder einer Haft bis zu 4 Wochen werden bestraft:

Gewerbetreibende, welche im Feuer arbeiten, wenn sie die Vorschriften nicht befolgen, welche von der Polizeibehörde wegen Anlegung und Verwahrung ihrer Feuerstätten, sowie wegen der Art und der Zeit, sich des Feuers zu bedienen, erlassen sind.

D. Bestimmungen der Reichsgewerbeordnung.

Anlagen, welche einer besonderen Genehmigung bedürfen.

Anmerkung. Die Bezeichnung „besondere Genehmigung" soll dem Mißverständnis entgegentreten, daß gewerbliche Anlagen, die nachstehend nicht aufgeführt sind, der polizeilichen Genehmigung künftig nicht mehr bedürfen.

Zur Errichtung von Anlagen, welche durch die örtliche Lage oder die Beschaffenheit der Betriebsstätte für die Besitzer oder Bewohner der benachbarten Grundstücke oder für das Publikum überhaupt erhebliche Nachteile, Gefahren oder Belästigungen herbeiführen können, ist die Genehmigung der nach den Landesgesetzen zuständigen Behörde erforderlich.

Anmerkung. In erster Instanz entscheiden in Preußen die Kreis-(Stadt-)Ausschüsse, Magistrats- oder Bezirksausschüsse, in zweiter Instanz der Minister für H. u. G.

Es gehören dahin: Schießpulverfabriken, Anlagen zur Feuerwerkerei und zur Bereitung von Zündstoffen aller Art, Gasbereitungs- und Gasbewahrungsanstalten, Anstalten zur Destillation von Erdöl, Anlagen zur Bereitung von Braunkohlenteer, Steinkohlenteer und Koaks, sofern sie außerhalb der Gewinnungsorte des Materials errichtet werden, Glas- und Rußhütten, Kalk-, Ziegel- und Gipsöfen, Anlagen zur Gewinnung roher Metalle, Röstöfen, Metallgießereien, sofern sie nicht bloße Tiegelgießereien sind, Hammerwerke, chemische Fabriken aller Art (auch Anlagen zur Herstellung von Acetylengas), Schnellbleichen, Firnissiedereien, Stärkefabriken, mit Ausnahme der Fabriken zur Bereitung von Kartoffelstärke, Stärkesirupsfabriken, Wachstuch-, Darmsaiten-, Dachpappen- und Dachfilzfabriken, Leim-, Tran- und Seifensiedereien, Knochenbrennereien, Knochendarren, Knochenkochereien und Knochenbleichen, Zubereitungsanstalten für Tierhaare, Talgschmelzen, Schlächtereien, Gerbereien, Abdeckereien, Poudretten- und Düngpulverfabriken, Stauanlagen für Wassertriebwerke, Hopfen-Schwefeldörren, Asphaltkochereien und Pechsiedereien, soweit sie außerhalb der Gewinnungsorte des Materials errichtet werden, Strohpapierstofffabriken, Darmzubereitungsanstalten, Fabriken, in welchen Dampfkessel oder andere Blechgefäße durch Vernieten hergestellt werden, Kalifabriken, Anstalten zum Imprägnieren von Holz mit erhitzten Teerölen, Kunstwollefabriken, Anlagen zur Herstellung von Celluloid und Dégrasfabriken, Fabriken, in welchen Röhren aus Blech durch Vernieten hergestellt werden, sowie die Anlagen zur Erbauung eiserner Schiffe, zur Herstellung eiserner Brücken oder sonstiger eiserner Baukonstruktionen.

Anmerkung. Maschinen- oder Wagenbaukonstruktions-Anlagen sind hier nicht gemeint, wohl aber Hochbau-, in erster Linie Dachkonstruktion.

Ferner: die Anlagen zur Destillation von Teer und von Teerwasser. Anlagen, in welchen aus Holz oder ähnlichem Fasermaterial auf chemischem Wege Papierstoff hergestellt wird (Cellulosefabriken), Anlagen, in welchen Albuminpapier hergestellt wird, Anstalten zum Trocknen und Einsalzen ungegerbter Tierfelle, sowie die Verbleiungs-, Verzinnungs- und Verzinkungsanstalten, die Anlage zur Herstellung von Gußstahlkugeln mittelst Kugelschrotmühlen.

Dem Antrage auf Genehmigung müssen die erforderlichen Zeichnungen und Beschreibungen beigefügt werden. Sodann wird das Unternehmen durch einmalige Bekanntmachung zur Kenntnis gebracht mit der Aufforderung, Bedenken gegen die Anlage binnen 14 Tagen anzubringen.

Werden Einwendungen nicht gemacht, so prüft die Behörde, ob die Anlage erhebliche Gefahren, Nachteile oder Belästigungen für das Publikum herbeiführen können.

Anmerkung. Die Prüfung erstreckt sich nicht nur auf die Beachtung der gewerbe-polizeilichen Vorschriften, sondern auch auf die bau-, feuer- und gesundheitspolizeilichen Vorschriften, auch auf die verkehrspolizeilichen, wasserpolizeilichen Vorschriften und Rayonbeschränkungen.

Die Genehmigung kann bedingungsweise erteilt werden. Zu den Bedingungen gehören die Anordnungen, welche zum Schutz der Arbeiter gegen Gefahr für Gesundheit und Leben notwendig sind.

Anmerkung. Zu beachten die §§ 120a bis c und die auf Grund des § 120e der Reichs-Gewerbeordnung erlassenen Vorschriften.

Der Bescheid ist schriftlich zu erteilen. Ist die Genehmigung versagt oder nur unter Bedingungen erteilt, so sind die Gründe hierfür anzuführen.

Gegen den Bescheid ist Rekurs an die nächstvorgesetzte Behörde zulässig, welche bei Verlust derselben binnen 14 Tagen, vom Tage der Eröffnung des Bescheides an gerechnet, gerechtfertigt werden muß.

Anmerkung. Vergleiche §§ 16 und 25 der Gewerbeordnung.

Zur Anlegung von Dampfkesseln, mögen dieselben zum Maschinenbetriebe bestimmt sein oder nicht, ist die Genehmigung der nach den Landesgesetzen zuständigen Behörde erforderlich.

Anmerkung. Gesetz vom 3. Mai 1872, Min.-Erlaß vom 15. März 1897, 18. November 1897 und 22. März 1898. Ferner allgemein-polizeiliche Bestimmungen über die Anlegung von Dampfkesseln vom 5. August 1890 (R.G.Bl. S. 163). Ferner Stempelsteuergesetz vom 31. Juli 1895 (G.S. S. 413).

Dem Gesuch sind die zur Erläuterung erforderlichen Zeichnungen und Beschreibungen beizufügen.

Die Behörde hat die Zulässigkeit der Anlage nach den bestehenden bau-, feuer- und gesundheitspolizeilichen Vorschriften zu prüfen, auch nach den allgemeinen polizeilichen Bestimmungen, welche von dem Bundesrat über Dampfkesselanlagen erlassen werden.

Anmerkung. § 18 der R.G.O. Als Dampfkessel sind nicht zu betrachten: Dampfkochgefäße, Dampfüberhitzer, Dampfbehälter, Dampfkochkessel.

Bevor der Kessel in Betrieb genommen wird, ist zu untersuchen, ob die Ausführung den Bestimmungen der erteilten Genehmigung entspricht. Wer vor dem Empfange der hierüber auszufertigenden Bescheinigung den Betrieb beginnt, wird mit Geldstrafe bis zu 300 Mark und im Unvermögensfalle mit Haft bestraft.

Beschaffenheit der Arbeitsräume.

Die Gewerbeunternehmer sind verpflichtet, die Arbeitsräume, Betriebsvorrichtungen, Maschinen und Gerätschaften so einzurichten und zu unterhalten, sowie den Betrieb so zu regeln, daß die Arbeiter gegen Gefahr für Leben und Gesundheit soweit geschützt sind, wie es die Natur des Betriebes gestattet. — Insbesondere ist für genügendes Licht, ausreichenden Luftraum, Luftwechsel, Beseitigung des bei dem Betriebe entstehenden Staubes, der dabei entwickelten Dünste und Gase sowie der dabei entstehenden Abfälle zu sorgen. — Ebenso sind diejenigen Vorrichtungen herzustellen, welche zum Schutze der Arbeiter gegen gefährliche Berührungen mit Maschinen oder mit Maschinenteilen oder gegen andere in der Natur der Betriebsstätte oder des Betriebes liegende Gefahren, namentlich auch gegen die Gefahren, welche aus Fabrikbränden erwachsen können, erforderlich sind. — Ferner sind diejenigen Vorschriften über die Ordnung des Betriebes und das Verhalten der Arbeiter zu erlassen, welche zur Sicherung eines gefahrlosen Betriebes erforderlich sind.

Anmerkung. Vergleiche die §§ 120b bis 120e der Reichs-Gewerbeordnung. Mit Geldstrafe bis zu 300 Mk. und im Unvermögensfalle mit Haft wird bestraft, wer den in obigen Paragraphen erlassenen Verfügungen bezw. Vorschriften zuwiderhandelt.

E. Landesrechtliche Bestimmungen.

Das Recht der Baufreiheit und seine Beschränkung durch Gesetz, Verfügungen und Verordnungen.

Die landesgesetzlichen Grundlagen des Baupolizeirechts gehören zum Allgemeinen Landrecht. (Vergl. §§ 35 bis 82 des Titels 8, Teil I.)

Nach § 65 ist in der Regel jeder Eigentümer befugt, seinen Grund und Boden mit Gebäuden zu besetzen oder seine Gebäude zu verändern. Hierauf baut sich das Recht der Baufreiheit. (Vergl. § 903 des B.G.B.)

Innerhalb der Grenzen seines Eigentums darf der Eigentümer nach den aus dem Eigentum an Grund und Boden fließenden Befugnissen so nahe an die Grenze und so hoch bauen, als er es für gut befindet und soweit er nicht in seiner Baubefugnis rechtlich beschränkt ist. Das Gemeinwohl und die nachbarlichen Interessen erfordern aber gewisse Einschränkungen der Baufreiheit, und es kann deshalb nicht völlig der Willkür des Grundeigentümers überlassen werden, wo und wie er auf seinem Grundstücke bauen will.

Die gesetzlichen Beschränkungen der Baufreiheit zerfallen in drei Abteilungen:

1. Pflichten des Eigentümers wegen Unterhaltung und Wiederherstellung von Gebäuden (Abschnitt B I, §§ 35 bis 64 A.L.R. I 8).
2. Einschränkung des Eigentümers bei Errichtung neuer und der Veränderung bestehender Gebäude (§§ 66 bis 72 a. a. O.) Abschn. B II.
3. Spezielle Beschränkung der Baufreiheit (§§ 73 bis 82 a. a. O.) Abschn. B III.

Abgesehen von diesen gesetzlichen Beschränkungen sind die durch die Polizeiverordnungen eingeführten Beschränkungen in Betracht zu ziehen.

Unterhaltung der Gebäude.

Die Eigentümer haben ihre Gebäude in den Städten, die an Straßen oder öffentliche Plätze stoßen, in baulichem Zustande zu unterhalten, soweit es zur Erhaltung der Substanz und Verhütung alles Schadens und Nachteils für das Publikum notwendig ist. — Wird diese Pflicht derart vernachlässigt, daß der Einsturz des ganzen Gebäudes oder eine Gefahr für das Publikum zu besorgen ist, so muß die Obrigkeit ihn zur Veranstaltung der notwendigen Reparatur innerhalb einer nach den Umständen zu bestimmenden Frist, allenfalls durch Zwangsmittel veranlassen.

Anmerkung. Unter „Obrigkeit" ist die Ortspolizeibehörde zu verstehen.

Erweisen sich die Zwangsmittel als fruchtlos, so ist die Obrigkeit berechtigt, den notwendigen Bau auf seine Kosten zu veranstalten.

Anmerkung. Falls der Eigentümer der Aufforderung zur Instandsetzung nicht nachkommt, ist die Polizeibehörde befugt, das Weiterbewohnen des betreffenden Gebäudes zu untersagen, falls hierdurch die die Personen drohende Gefahr beseitigt wird.

Kann oder will der Eigentümer die Kosten nicht herbeischaffen, so kann die Obrigkeit dergleichen Gebäude zum öffentlichen Verkauf ausbieten.

Anmerkung. Durch eine solche Erklärung bleibt der Eigentümer aber noch für den Schaden haftbar, den der Nachbar bei einem etwaigen Einsturz des Gebäudes erleidet.

Das öffentliche Ausbieten findet in der Form und mit den Wirkungen einer notwendigen Subhastation statt.

Die Baugenehmigung.

Die Baugenehmigung (Bauerlaubnis) ist die Erklärung der zuständigen Behörde, daß ein Hindernis für die Ausführung des Bauentwurfs aus dem bestehenden und geltenden öffentlichen Rechte nicht vorhanden ist.

Von der Berechtigung. Der Eigentümer hat das Recht, der Behörde einen Bauentwurf bezw. eine Zeichnung für eine bauliche Veränderung vorzulegen. Er ist aber nicht befugt, für dasselbe Grundstück mehrere Entwürfe vorzulegen mit der Absicht, nach einem derselben den Bau ausführen zu lassen. Die Genehmigung erfolgt in jedem Falle vorbehaltlich der Rechte Dritter. Der Eigentümer hat mithin die Pflicht, die etwa erforderliche Zustimmung eines Dritten einzuholen oder die Beseitigung eines bestehenden Widerspruchsrechts selbst herbeizuführen.

Die Einholung der polizeilichen Genehmigung beschränkt sich nicht nur auf Privat- und Gemeindebauten, sondern erstreckt sich auch auf Staats- und Reichsbauten, selbst auch auf einen bereits ministeriell genehmigten Hochbau.

Baubedingungen.

Zur Baugenehmigung können auch „Anordnungen" hinzutreten. Solche Anordnungen (Bedingungen) sind wie andere polizeiliche Verfügungen widerruflich. Über die Zweckmäßigkeit und Angemessenheit der Bedingungen, unter welchen eine Baugenehmigung erteilt wurde, entscheidet nicht der Verwaltungsrichter, sondern die Beschwerde-Instanz.

Zurücknahme oder Widerruf der Genehmigung.

Wird das öffentliche Recht, auf Grund dessen die Genehmigung erfolgte, vor Beginn der Bauausführung verändert (z. B. durch neue Baupolizeivorschriften), so kann die Genehmigung zurückgezogen oder verändert werden. Ist der Bau bereits begonnen, so kann die Ausführung unbedenklich nach der erteilten Genehmigung stattfinden.

Eine Zurücknahme der Genehmigung kann keinenfalls dann stattfinden, wenn die Baupolizeibehörde nachträglich sich davon überzeugt, daß sie sich geirrt hat, und daß demzufolge eine andere Beurteilung der Verhältnisse hätte stattfinden müssen.

Versagung der Baugenehmigung.

Der Polizeibehörde liegt nicht die Pflicht ob, ein Baugesuch bedingungsweise zu genehmigen, falls in demselben die baupolizeilichen Vorschriften nicht beachtet sind. Sie ist befugt, das Bauprojekt wegen jener Verstöße abzulehnen, also die Genehmigung zu versagen.

Einschreiten gegen Ausführung genehmigungspflichtiger, aber noch nicht genehmigter Bauten. Nach § 367 Ziffer 15 des R.St.G.B. wird derjenige mit Geldstrafe bis zu 150 Mark (oder mit Haft) bestraft, welcher als Bauherr, Baumeister oder Bauhandwerker einen Bau oder eine bauliche Veränderung ausführt, welche der polizeilichen Genehmigung bedarf, ohne eine solche zu besitzen. Hiernach ist es ausgeschlossen, eine solche Ausführung unter Androhung exekutivischer Geldstrafe oder Haft zu verbieten, weil die Bestrafung bereits im R.St.G.B. vorgesehen ist. Die Baupolizeibehörde hat aber das Recht und, sofern das öffentliche Interesse dies gebietet, auch die Pflicht, die Bauarbeiten zwangsweise zu verhindern, also den Bau zu inhibieren.

In allen Fällen, wo sich findet, daß ein ohne vorhergegangene Anzeige unternommener Bau schädlich oder gefährlich für das Publikum sei oder zur groben Verunstaltung einer Straße oder eines Platzes gereiche, muß derselbe nach Anweisung der Obrigkeit geändert werden. Findet die Änderung nicht statt, so muß das Gebäude wieder abgetragen und alles auf Kosten des Bauenden in den vorigen Stand gesetzt werden (dasselbe gilt auch mit Bezug auf nicht genehmigte Änderungen an einem Hause).

Spezielle Beschränkungen der Baufreiheit.
(Allgemeines Landrecht, Teil I Titel 8 §§ 73 bis 82.)

Bauanlagen auf Straßen, durch welche Gehende, Reitende oder Fahrende beschädigt werden können, sind nicht zu dulden.

Vor den Fenstern oder am Hause darf in Gegenden, die zum Ab- und Zugang des Publikums bestimmt sind, nichts aufgestellt oder angehängt werden, durch dessen Herabsturz jemand beschädigt werden kann. (Vergl. auch R.St.G.B. § 366 Nr. 8 und 9.)

Ohne eingeholte Erlaubnis darf ein Kellerhals oder ein anderer dergl. Anbau nach der Straße zu nicht angelegt werden. Der Polizeierlaubnis bedürfen ferner: Einrichtung von Keller- und Ladentüren nach der Straße hin, Anlage oder Wiederbau eingegangener Erker, Läden, auf die Straße sich ergießende Dachrinnen, in die Straße hinein sich erstreckende Schilder, Errichtung von Blitzableitern.

Zulässige Bebauung von Grundstücken.

Die Bestimmungen hierüber weichen in den Städten voneinander ab. Zu beachten ist aber in allen Fällen:

Nicht an der Straßenfront liegende, aber zum dauernden Aufenthalt von Menschen bestimmte Räume müssen Luft und Licht unmittelbar von einem Hofe (Haupthof) erhalten; nur Räume, welche nur zum vorübergehenden Aufenthalt von Menschen bestimmt sind, dürfen an Nebenhöfen angelegt werden.

Die Anlage von Gärten auf Höfen ist zulässig, doch bleibt es mit Bezug auf Bepflanzung und Umwehrung der Polizeibehörde überlassen, das zur Sicherung der unbehinderten Benutzung der Zufahrten und der Zugänglichkeit zu den Gebäuden und Gebäudeteilen, sowie im feuerpolizeilichen Interesse Erforderliche anzuordnen.

Höhe. Man versteht unter „Höhe" der Gebäude das Maß an den Straßen von der Bürgersteig-Oberfläche bis zur Hauptgesims-Oberkante.

Im allgemeinen ist folgende Bestimmung maßgebend:

Alle Baulichkeiten an den Straßen dürfen so hoch sein, wie die Straße oder der Straßenteil vor ihnen zwischen der Straßenfluchtlinie breit ist.

Massive Wände. Die Umfassungswände und die Balken tragenden Wände der Gebäude, ebenso alle Vorbauten mit Ausnahme von Windfängen sind, von Ausnahmen abgesehen, massiv herzustellen.

An Stelle der massiven Wände kann mit Rücksicht auf die örtlichen Verhältnisse und Benutzungsart die Ausführung in Eisenfachwerk oder Eisenwellblech zugelassen werden.

Anmerkung. Diese Bestimmungen finden sich in fast allen Baupolizeiordnungen und gründen sich auf die Erwägung, daß die Beschaffenheit der Wand im allgemeinen für ein Weitertragen des Feuers ausschlaggebend ist. Aus den Bestimmungen läßt sich nicht der Schluß ziehen, daß ein Gebäude unter allen Umständen Umfassungsmauern haben muß. (Offene Schuppen aus Eisenkonstruktion bilden Ausnahmen.)

Wenn Gebäude unmittelbar an die Nachbargrenzen herantreten, oder ihnen in weniger als 6 m Entfernung gegenüberliegen, so sind sie mit Brandmauern abzuschließen. Dieselben müssen mindestens 25 cm stark sein, dürfen in keinem Geschoß durchbrochen werden und müssen mindestens 20 cm über das Dach hinausgeführt werden.

Nachbargebäude, welche unmittelbar die gemeinsame Grenze berühren, müssen je eine Brandmauer haben. Brandmauern zwischen Nachbargebäuden, welche andauernd einem bestimmten Zwecke dienen, können durchbrochen werden. Die Öffnungen müssen aber mit feuer- und rauchsicheren, selbsttätig zufallenden Türen versehen werden. Wird eine Verbindung der benachbarten Innenräume beabsichtigt, so dürfen derartige Türen nicht verschlossen werden.

Gebäude in Holzfachwerk. Gebäude und Anbauten an Massivbauten, welche bestimmte Maße nicht überschreiten (Stadtkreis Berlin: 100 qm Grundfläche, 6 m Höhe), dürfen an Stelle massiver Wände solche von ausgemauertem Fachwerk erhalten. Ihre Umfassungswände müssen aber, soweit sie von öffentlichen Straßen, Nachbargrenzen oder Gebäuden auf demselben Grundstück nicht mindestens 6,0 m entfernt bleiben, außen mindestens 12 cm stark massiv verblendet werden.

Schuppen u. s. w. Schuppen, Gartenhallen, Veranden, Kegelbahnen und ähnliche kleinere Anlagen dürfen aus Holz, Eisenblech, Drahtputz, Gipsdielen oder ähnlichen Stoffen aufgeführt werden.

Zumeist wird festgehalten, daß solche Anlagen eine Grundfläche von 25 qm und eine Fronthöhe von 3,0 m nicht überschreiten, auch müssen sie von Holzbauten, Nachbargrenzen und öffentlichen Straßen mindestens 6,0 m entfernt bleiben.

Nichtbelastete Scheidewände (Polizeiverordnung für den Stadtkreis Berlin.) Scheidewände dürfen aus Eisenblech, Drahtputz, Gipsdielen oder ähnlichen Stoffen hergestellt und unmittelbar auf Balken gesetzt werden.

Anmerkung. Zum Begriff einer „Scheidewand" gehört nicht notwendig, daß sie bis zur Decke des Raumes hochgeführt wird, auch bleibt eine solche Wand eine Scheidewand, wenn sich in derselben eine Öffnung befindet. Wesentlich aber ist die Frage, ob durch die betreffende Wand verschiedene Räume mit gesonderter Benutzung geschaffen werden sollen.

Hölzerne Scheidewände müssen mit Mörtel abgeputzt werden oder sonstwie gegen die Übertragung von Feuer wirksam geschützt werden.

Anmerkung. In neuerer Zeit werden vielfach annähernd halbhohe Wände in Läden, Bureaus, Restaurationen u. s. w. angeordnet und vielfach in stilvoller Holzarchitektur ausgeführt. Derartige scheidende Wände können ohne Mörtelputz oder ohne anderen feuersicheren Überzug als Holzwände zur Ausführung gelangen.

In wirtschaftlichen Nebenräumen sind Scheidewände aus ungeputztem Holzwerk zulässig.

Decken. Holzbalkendecken sind mit Zwischendecken zu versehen. Geboten ist eine Ausfüllung mit unverbrennlichen Stoffen (mindestens 13 cm stark). Sie sind unterhalb mit Mörtel (Lehmmörtel ist unzulässig) zu putzen oder mit anderem feuersicherem Material zu bekleiden.

Das zur Ausfüllung zu benutzende Füllmaterial für Balkendecken und Gewölbe darf keine der Gesundheit schädlichen Bestandteile enthalten (Ausfüllung mit Bauschutt ist unzulässig).

Vorschriftsmäßig ausgeführte Decken dürfen mit Holztäfelung versehen sein.

Ungeputzte gehobelte Holzdecken können zugelassen werden:

a) in Gebäuden ohne Feuerung;
b) in eingeschossigen Gebäuden, falls die Geschoßhöhe mehr als 5,0 m beträgt (Kirchen, Turn-, Wartehallen, Reitbahnen, Ausstellungsgebäude);
c) in Speichern (für Getreide, Mehl oder Malz). Dort befindliche heizbare Räume müssen besondere Zugänge haben und durch massive Wände und Decken umschlossen sein;
d) in allen Fällen, wo durch das Dach zugleich die Decke gebildet wird.

Anmerkung. Bei Treppenhäusern wird mitunter noch eine gerohrte und geputzte Schaldecke zugelassen. Zumeist aber wird eine massive Decke (Gewölbe) gefordert.

Dachdeckung. Die Dächer aller Baulichkeiten sind mit einem gegen die Übertragung des Feuers hinreichenden Schutz bietenden Stoff einzudecken. (Stein, Metall, Teerpappe, Holzzement, Glas u. s. w.)

Treppen. Jedes nicht zu ebener Erde liegende Geschoß muß mindestens durch eine Treppe zugänglich sein. Es muß hierdurch jederzeit der Ausgang nach dem Hofe oder nach der Straße ermöglicht sein (notwendige Treppe). Hinsichtlich des Dachgeschosses sind unter Berücksichtigung der Art der Benutzung Ausnahmen zulässig. Von jedem Punkte des Gebäudes muß eine Treppe auf höchstens 30,0 m Entfernung erreichbar sein. Für Kellerräume, soweit sie nicht zum dauernden Aufenthalt von Menschen bestimmt sind, ist ein größeres Maß zulässig.

Gebäude, in deren oberstem Geschoß der Fußboden höher als 7,0 m über dem Erdboden liegt, müssen mindestens zwei in gesonderten Räumen befindliche Treppen oder eine unverbrennliche Treppe (notwendige Treppe) erhalten. Liegt der oberste Fußboden über 11,0 m hoch, so genügt eine unverbrennliche Treppe nur im Ausnahmefalle. (Enthält das Dachgeschoß keine zu dauerndem Aufenthalt von Menschen bestimmten Räume, so ist es als oberstes Geschoß nicht anzusehen.)

Notwendige innere Treppen einschließlich der daran liegenden Vorplätze und Flure müssen mit massiven, nur mit Verbindungs- und Lichtöffnungen unterbrochenen Wänden umschlossen sein.

Jede notwendige Treppe muß mit dem Gebäudeteile, für welchen sie bestimmt ist, unmittelbar in Verbindung stehen und mindestens in einer Breite von 1,0 m sicher begehbar sein (Auftritt mindestens 26 cm, Steigung höchstens 18 cm, geringste Breite für Wendelstufen an der schmalen Seite 10 cm).

Zwischen Wänden liegende Treppenarme müssen mindestens eine Seite mit Handgriff haben.

Notwendige Treppen sind bis in das Dachgeschoß zu führen (Laufbreite für Nebentreppen mindestens 75 cm, Kopfhöhe nicht unter 1,80 m).

Granitpodeste freitragender Treppen müssen durch eiserne Träger, Mauerbögen oder Gewölbe gestützt werden.

Die Stufen unverbrennlicher Treppen können Holzbelag erhalten.

Notwendige hölzerne Treppen sind unterhalb zu rohren und zu putzen oder mit einer gleich feuersicheren Verkleidung zu versehen.

Bei notwendigen Treppen ist die mittlere Podestbreite gleich der Breite eines Treppenarmes anzunehmen. Eine kreisförmige Abrundung in den Ecken der Podeste ist nur bei einer Treppenbreite über 1,25 m zulässig.

Anmerkung. Zu den unverbrennlichen Treppen gehören die massiven und eisernen, auch die Treppen nach dem System Joly, Wittenberg.

Es ist gestattet, daß der untere Teil einer notwendigen Treppe bis zu einer Höhe von 2,0 m im Freien liegt.

„Geländer" sind solche Vorrichtung, welche, die Treppe einfassend, gegen seitliches Herabfallen schützen. „Handgriffe und Handläufe" dagegen bieten einen sicheren Halt namentlich für die Personen, welche in der Dunkelheit die Treppe benutzen. Die lichte Weite zwischen den Traillen darf höchstens 20 cm betragen. Bei Nichtbeachtung kann strafbare Fahrlässigkeit angenommen werden. In Schulen sind die Geländer mit Knöpfen zu versehen, um das Hinuntergleiten der Kinder zu verhindern.

Hausbesitzer, welche die ihnen nach Polizeivorschrift obliegende Pflicht, die Treppen zu beleuchten, nicht erfüllen, sind gegebenenfalls zum Schadenersatz verpflichtet.

Lichtschachte. Lichtschachte oder Lichthöfe sind bis zur Dachfläche mit massiven Wänden zu umschließen. Sie sind am unteren Ende mit solchen Vorkehrungen zu versehen, die ihnen dauernd von außen frische Luft zuführen. Haben sie eine Glasabdeckung, so ist für ausreichenden Luftwechsel zu sorgen.

Öffnungen in Lichtschachten, die innerhalb des Dachraumes angebracht sind, müssen mit rauch- und feuersicheren Türen fest verschlossen gehalten werden können.

Feuerungsanlagen. Feuerungsstätten in Gebäuden sind in allen Teilen aus unverbrennlichem Material herzustellen.

Unter Feuerherden (Kochmaschinen aus Kacheln, Stein oder Eisen, gleichviel, ob sie unmittelbar auf dem Fußboden stehen oder ob sie Füße, Rollen u. s. w. haben) müssen die Decken einschließlich des Fußbodens aus unverbrennlichem Material bestehen. Stehen Feuerherde auf unverbrennlichen Füßen, so dürfen sie auf Balkenlagen aufgestellt werden, wenn unter dem Herde ein Luftraum von 15 bis 20 cm vorhanden ist. Der Fußboden ist unter dem Herd durch eine 5 cm starke Massivschicht auf mindestens 1 mm starker Eisenplatte zu schützen. Öfen sind durch eine mindestens 5 cm starke Massivschicht zu trennen, über die sich ein mindestens 5 cm hoher, den Durchgang der Luft gestattender Hohlraum mit mindestens 2 Luftöffnungen befinden muß.

Vor Heizöffnungen ist der Holzfußboden feuersicher zu bekleiden.

Wände, an denen Feuerherde unmittelbar oder weniger als 10 cm entfernt aufgestellt werden, müssen in der Herdausdehnung und mindestens 20 cm rings um ihn aus unverbrennlichem Material aufgeführt werden. Nur mindestens 1 Stein starke massive Wände dürfen als Wandungen der Feuerzüge benutzt werden. Eiserne Feuerstätten müssen von verputztem oder verblendetem Holzwerk mindestens 80 cm entfernt sein.

Schornsteine. Sie sind durchweg dicht, massiv oder aus unverbrennlichem Material herzustellen und müssen von Grund auf fundamentiert sein. Gezogen dürfen Rohre nur in massiven Wänden werden, oder falls sie durch gemauerte Bögen oder eiserne Träger gestützt werden können.

Querschnitt für enge Röhren: mindestens 250 qcm im Lichten (über Dach mindestens 30 cm hinauszuführen). Besteigbare Schornsteine: mindestens 42 zu 47 cm.

Wangenstärke: mindestens 12, an der Nachbargrenze 25 cm.

Entfernung der Schornsteinaußenseiten von Balkenlagen und Holzwerk mindestens 6,5 cm, im Dachverbande 10 cm.

In Küchen, einschließlich der Waschküchen mit geschlossener Feuerung ist ein besonderes Rohr zum Abzuge der Wasserdämpfe (mindestens 250 qcm Querschnitt) anzuordnen.

Bauvorlagen.

Dem Antrage auf baupolizeiliche Genehmigung sind beizufügen:

a) Ein Bauplan, enthaltend die Grundrisse aller Geschosse, die erforderlichen Querschnitte und Ansichten, die Konstruktion und die Abmessung des Baues im ganzen sowie in seinen Teilen. Die Art und Stärke der zu verwendenden Baustoffe ist ersichtlich zu machen. Die Raumbestimmung ist anzugeben, ebenso die Höhenlage des Baues gegenüber der Oberfläche des Bürgersteiges.

Einzelne Teile des Bauplanes sind, soweit dies zur baupolizeilichen Prüfung erforderlich ist, zu detaillieren, zu erläutern, und die Tragfähigkeit der Konstruktion ist durch statische Berechnung nachzuweisen. Erforderlich ist dies für andere Decken als Balkendecken, auch mit Rücksicht darauf, ob sie den Anforderungen der Feuersicherheit und Gesundheitspflege entsprechen. Ferner für umfangreichere Eisenkonstruktionen (Maßstab 1 : 10) und hinsichtlich der Winddruckberechnungen.

Anmerkung: Es wird gefordert die Berechnung auf Winddruck nur bei:

a) Neu- und Umbauten von Türmen. Bei Berechnung von Helmen in Holz- oder Eisenkonstruktion ist derjenige Zustand des Helmes vorauszusetzen, in welchem er sich nach der Einschalung oder Belattung vor Aufbringung des Deckstoffes befindet (Min.-Erlaß v. 17. März 1896, III, 2986);

b) Aufführung hoher Schornsteine (Dampfkessel-Schornsteine), falls sie mit geringeren als den erfahrungsmäßig ausreichenden Wangenstärken zur Ausführung gelangen sollen;

c) verbundenen Gerüsten von mehr als 10 m Höhe.

Maßstab für die Baupläne: in der Regel 1:100, Teilzeichnungen 1:20. Die Zeichnungen sind mit den allgemein eingeführten Farbentönen anzulegen.

b) Lageplan (Maßstab mindestens 1:500) mit Lage des Grundstücks im Verhältnis zu den angrenzenden Straßen und Nachbargrundstücken unter Eintragung der Baufluchtlinien.

Das zu bebauende Grundstück ist mit der Haus- und Grundbuchnummer zu bezeichnen.

Bei Neubauten ist die Art der beabsichtigten Entwässerung anzugeben. Alle Bauvorlagen (zu denen das Baugesuch meist als „Bauvorlage" nicht gehört) sind in je zwei (oder drei) Exemplaren einzureichen, nachdem sie von dem Bauherrn und dem verantwortlichen Bauunternehmer unterschrieben worden sind.

Bauscheine. Auf Grund eines genehmigten Bauplanes erhält der Bauherr ein mit Genehmigungsvermerk versehenes Exemplar zurück und einen Bauschein, welcher die Baubedingungen feststellt. Beides muß während der Bauausführung und bis zum Schlusse der Bauabnahme stets auf der Baustelle in Bereitschaft gehalten werden.

Die Gültigkeit der Bauerlaubnis ist nach Verlauf eines Jahres erloschen, falls nicht inzwischen die Kellermauern bis zur Erdoberfläche aufgeführt sind, bezw. bis zu dieser Höhe gemauert worden ist.

Baugerüste und Bauzäune. Dieselben dürfen nur nach Genehmigung der Polizeibehörde aufgerichtet werden. Für die Konstruktion und Benutzung von Gerüsten bestehen lokale Bestimmungen.

Sicherheitsmaßregeln bei Bauausführungen.

Balkenlagen sind alsbald nach dem Legen derselben auszustaken bezw. mit Einschubbrettern zu versehen. Eiserne Träger zur Deckenbildung, Treppenhäuser, Lichtschachte u. s. w. sind zu überdecken bezw. zu umfriedigen. Die Baustellen sind so zu beleuchten, daß Unglücksfälle vermieden werden.

Rohbauabnahme.

Ein Bau ist als im Rohbau fertiggestellt anzusehen, wenn er in seinen Wänden, Eisenkonstruktionen, einschließlich der feuersicheren Treppen, sowie mit Bezug auf die Balkenlagen und die Dachkonstruktionen vollendet worden ist. Die Abnahme ist schriftlich bei der Baupolizeibehörde zu beantragen. Zur Abnahme müssen alle Teile des Baues leicht zugänglich sein. Die Balkenverankerungen im Innern müssen durchweg, die Eisenkonstruktionen soweit offen liegen, daß die Abmessungen geprüft werden können.

Auf Grund vorschriftsmäßiger Ausführung wird die Abnahme des Rohbaues bescheinigt. Mängel müssen bis zu einer erneut vorzunehmenden Abnahme beseitigt werden.

Anmerkung. Hinsichtlich der Rohbauabnahme ist noch folgendes zu beachten:

a) Die Balkenlagen müssen durchweg gestakt oder mit Einschubbrettern versehen sein;
b) feuersichere Treppen müssen fertig sein;
c) die Fensteröffnungen dürfen nicht zugesetzt sein.

Die Abnahmekommission hat nur die Aufgabe, den Bau nach der technischen Richtung hin zu prüfen und festzustellen, ob und welche Abweichungen von dem genehmigten Bauplan stattgefunden haben. Bei geringfügigen Mängeln, die eine leichte Beseitigung möglich machen, soll die Abnahme nicht als fruchtlos angesehen werden. Es wird alsdann nur der Abschluß des Abnahmeprotokolls bis zur Beseitigung der Mängel hinausgeschoben.

Putzarbeiten.

Zugleich mit der Erteilung des Rohbau-Abnahmescheines wird festgestellt, wann mit den Putzarbeiten begonnen werden darf. In Gebäuden, welche ganz oder teilweise zum dauernden Aufenthalt von Menschen bestimmt sind, dürfen die Putzarbeiten frühestens 6 Wochen nach der Rohbauabnahme beginnen.

Anmerkung. Die Polizeibehörde ist nicht befugt, die Frist zu verkürzen. Es kann dies nur seitens des Bezirksausschusses durch einen

Dispens geschehen. Die oben angegebene Frist kann aber verlängert werden, wenn die auf die Abnahme folgenden 6 Wochen ganz oder teilweise in die Frost- oder Regenzeit fallen. Bei Aus- oder Umbauten (z. B. Ladenbauten), bei denen zumeist nur einzelne Wandstücke neu aufgeführt werden, kann ohne weiteres die Frist verkürzt werden.

F. Besondere Bestimmungen für die Benutzung von Gebäuden.

Räume, bestimmt für den dauernden Aufenthalt von Menschen.

Zu den Räumen, welche nicht zum dauernden Aufenthalt von Menschen bestimmt sind, gehören: Flure, Treppen, Korridore, Bodenräume, Bedürfnisanstalten, Badestuben, Rollkammern, Speisekammern, Vorratsräume, Gewächshäuser, Kegelbahnen, Heizräume, Kessel- und Maschinenräume, wenn sie nur Heizungs-, Lüftungs-, Beleuchtungs- und Aufzugsbetrieben dienen, Wein-, Bier-, Branntweinkellereien, Räume, die lediglich zur Lagerung von Waren und Aufbewahrung von Gegenständen dienen, und die den aufgeführten ähnliche Räume.

Für alle zum dauernden Aufenthalt von Menschen dienenden Räume sind folgende Bestimmungen zu beachten:

Anzahl der Geschosse nicht mehr als fünf, Fußboden des obersten Geschosses nicht höher als 18 m über der Oberfläche des Bürgersteiges oder des Hofes.

Alle Räume müssen trocken sein und durch ausreichend große Fenster unmittelbar Luft und Licht erhalten. Die Fenster müssen auch eine zweckmäßige Lage haben. Bei ausreichendem Luftwechsel darf Oberlicht angewendet werden.

Anmerkung. Die Anordnung von Fenstern in Wohnräumen direkt unter der Decke und über Kopfhöhe kann nicht als eine „zweckmäßige Lage" angesehen werden, weil sie den Zweck, den Raum ausreichend zu erleuchten und zu lüften, nicht völlig erfüllen können.

Bei der Beleuchtung durch Deckenlicht muß die Lage und Zweckbestimmung in Betracht gezogen werden. Im allgemeinen ist die Anordnung von Fenstern in den Decken als zweckmäßige Lage nicht anzusehen.

Die Räume müssen eine durchschnittliche lichte Höhe von mindestens 2,80 m haben und dürfen nicht tiefer als 50 cm unter der Oberfläche des Bürgersteiges oder des Hofes liegen. Nur wenn an der zugehörigen Wand ein durchgehender, mindestens 1 m breiter

Licht- und Lüftungsgraben angelegt wird, kann das Maß von 50 cm bis auf 1,0 m erhöht werden. Die Sohle des Grabens, versehen mit ausreichendem Gefälle für die Entwässerung, muß mindestens 15 cm tiefer liegen als der Fußboden der anstoßenden Räume.

Anmerkung. Ein sogenannter Lichtkasten vor jedem Fenster genügt nicht. Der geforderte Lichtgraben sichert einen wirksamen Luftwechsel innerhalb desselben und gestattet ein Reinhalten des Lichtschachtes in gesundheitlichem Interesse.

Die Decke der an den Höfen liegenden, zum dauernden Aufenthalt von Menschen bestimmten Räume müssen mindestens 2,5 m über dessen Oberfläche liegen.

Die Räume sind gegen aufsteigende und seitlich eindringende Feuchtigkeit zu schützen (Isolierschichten, massive undurchlässige Sohle).

Der Fußboden muß mindestens 40 cm über dem höchsten bekannten Grundwasserstand liegen.

Dachräume müssen den Anforderungen mit Bezug auf Licht, Luftzuführung und Höhe entsprechen, auch unmittelbar über dem obersten Stockwerk liegen. Die Zugänge sind feuersicher abzuschließen, die Umfassungswände massiv aufzuführen.

Jeder wirtschaftlich gesonderte Gebäudeteil muß jederzeit leicht und sicher erreichbar sein und feuersicheren Zugang zu zwei Treppen oder zu einer unverbrennlichen Treppe haben. Im sicherheitspolizeilichen Interesse können weitere Forderungen für die Treppenanlage und ihre Zugänge gestellt werden.

Gewerbliche Betriebsstätten.

Die Baupolizeibehörde kann besondere Anforderungen stellen für Gebäude, in denen Fabriken oder solche gewerbliche Betriebsstätten eingerichtet werden sollen, welche eine starke Feuerung bedingen, oder in denen leicht brennbare Stoffe verarbeitet werden sollen, oder durch welche große Belastung und Erschütterung des Gebäudes entsteht. Ferner da, wo durch starken Abgang unreiner Stoffe eine wesentliche Luftverschlechterung hervorgerufen wird (Gieß- und Schmelzöfen aller Art, Backöfen, Räucherkammern, Tischlereien, Drechslereien, Böttchereien, Druckereien, Färbereien u. a.).

In Wohngebäuden kann die Einrichtung von Tischlereien oder anderen gleich feuergefährlichen Betriebsstätten davon abhängig gemacht werden, daß alle oberhalb belegenen Wohnungen mindestens einen nicht mit den Betriebsstätten im Zusammenhange stehenden Treppenzugang haben. Außerdem müssen die letzteren durch unverbrennliche Decken abgeschlossen werden.

Gebrauchsabnahme.

Gebäude und Gebäudeteile, welche zum dauernden Aufenthalt von Menschen oder gewerblichen Zwecken dienen sollen, dürfen nur dann erst benutzt werden, wenn auf Grund baupolizeilicher Besichtigung ein Gebrauchsabnahmeschein erteilt worden ist. In der Regel wird derselbe frühestens 6 Monate nach der Rohbauabnahme ausgefertigt.

Ausnahmen. Ausnahmen von den seitens der Baupolizei erlassenen Bestimmungen können für alle öffentlichen Bauten, im übrigen aber von der Baupolizeibehörde zugelassen werden. Zur Erteilung von Dispensen ist der Kreisausschuß zuständig.

Anmerkung. Mit Bezug auf „öffentliche Bauten" kommen die Gebäude in Betracht, die öffentlichen Zwecken dienen (Bauten des Reichs, des Staats, der Kommunalverbände, der Kirchengemeinden). Für solche Bauten kann die Dispenserteilung nur in Frage kommen, wenn seitens der Polizeibehörde die Zulassung einer Ausnahme nicht zugestanden wird.

G. Baugerüste.

Da, wo an öffentlichen Passagen Baugerüste aufgestellt werden, ist für Schutzwehren, Warnungszeichen, Erleuchtung ausreichend zu sorgen.

Jede die Benutzung ausschließende öffentliche Passage ist durch einen Bretter- oder Lattenzaun zu bezeichnen und während der Dunkelheit (die Nacht hindurch) hell zu erleuchten. Die Zugänge sind, während die Arbeit ruht, fest zu verschließen. Gerüste über einem öffentlichen Weg müssen einen freien Durchgang (mindestens 2,5 m hoch) gewähren. Sie sind mit einem Schutzdach gegen Herabfallen von Materialien und Schmutz zu versehen. Durch die Bretterlage dürfen Flüssigkeiten nicht hindurchdringen. Es ist daher eine doppelte Brettlage erforderlich.

Zulässige Gerüste sind: verbundene, Stangen-, Bock-, fliegende und Hängegerüste.

H. Die bauliche Anlage und die innere Einrichtung von Theatern, Zirkusgebäuden und öffentlichen Versammlungsräumen.

(Auszug aus der Polizeiverordnung vom 31. Oktober 1889.)

Vorschriften für Neubauten und Umbauten.

Die Bestimmungen der bestehenden allgemeinen Verordnungen bleiben insoweit in Kraft, als sie nicht in Widerspruch mit dieser Verordnung stehen.

Theater. Theater sind solche Gebäude, welche nach Zweck und Gesamtanlage dauernd zu Schauspielen oder zur Schaustellung von Personen bestimmt sind. Große Theater sind solche, welche auf Sitz- und Stehplätzen mehr als 800 Zuschauer aufnehmen können. Alle übrigen Theater gelten als kleine.

Große Theater. Die Theater müssen mit ihrer die Hauptein- und Ausgänge enthaltenden Front in der Baufluchtlinie einer öffentlichen durchgehenden Straße oder in einem Abstande von derselben liegen, welche eine Bebauung der zwischenliegenden Flucht ausschließt.

In den Umfassungswänden des Bühnenhauses dürfen Tür- und Fensteröffnungen nur da angelegt werden, wo der Abstand einer Öffnung von der Nachbargrenze oder von anderen Bauten auf demselben Grundstück, falls dieselben eine größere Höhe als 10 m bis zum Dachfirst haben, mindestens 9 m beträgt. Bei Schuppen und kleineren Bauten muß dieser Abstand mindestens 6 m betragen.

Bauart. Die Umfassungswände eines Theatergebäudes, die Trennungswand zwischen Bühnenhaus und Zuschauerraum sowie die Wände, welche Treppen umschließen, sind aus Steinen, die inneren Scheidewände (mit Ausnahme der Trennungswände zwischen Logen) sind aus unverbrennlichem Material herzustellen. Die Fußböden der Flure, Vorsäle und Korridore sind aus obengenanntem Material anzufertigen (Holzbelag nur auf unverbrennlicher Unterlage statthaft). Aus unverbrennlichem Material sind ferner auszuführen die Decken der Durchfahrten, Korridore, Flure und Treppenräume. Alle Korridore und Treppenräume müssen unmittelbar von außen beleuchtet werden. Für Korridore sind Oberlichte unstatthaft.

Freitragende Treppen sind verboten. Treppen mit geraden Läufen dürfen keine Wendelstufen haben (Podestbreite = Breite der Läufe). Geschwungene Stufen müssen an den Schmalseiten mindestens 23 cm Auftritt haben. (Sonst zulässig für Auftritt mindestens 26, für Steigung höchstens 18 cm.) Die Treppen sind beiderseitig mit Geländern oder Handläufen ohne freie Enden zu versehen. Die Breite der Korridore muß mindestens 3,0 m betragen, im übrigen nach dem Verhältnis von 1 m für 80 Personen bemessen werden.

Es müssen vorhanden sein:

Für das Parkett: bis zu 300 Personen 2 Treppen von je 1,50 m Breite; bei mehr als 270 Personen soll die Breite nach dem Verhältnis von 1,0 m auf 90 Personen berechnet werden.

Für die Ränge: bis zu 270 Personen 2 Treppen von je 1,50 m Breite, bei mehr als 270 Personen soll die Breite nach dem Verhältnis von 1,0 m auf 90 Personen berechnet werden.

Alle Ausgänge sind als solche mit großer Schrift kenntlich zu machen.

Gitter vor den Fenstern sind unzulässig.

Die Garderoben sind in besonderen Räumen unterzubringen.

Kleine Theater. Auf kleine Theater finden die §§ 3 bis 39 der Polizeiverordnung mit folgenden Abänderungen Anwendung:

Die Dachstühle dürfen aus Holz konstruiert werden (harte Bedachung).

Gasleitung ist bedingungsweise zulässig. Die im Zuschauerraum sowie auf Gängen und Treppen befindlichen Beleuchtungskörper müssen mindestens 2,0 m über dem Fußboden liegen.

Die übrigen Bestimmungen sowie auch die Bestimmungen über Zirkusanlagen sind der Baupolizeiordnung zu entnehmen. Eine besondere Bedeutung hat für den Bautechniker der Abschnitt über

Öffentliche Versammlungsräume.

Als öffentliche Versammlungsräume im Sinne der in Rede stehenden Verordnung gelten alle baulichen Anlagen, welche zur gleichzeitigen Aufnahme einer größeren Anzahl von Personen zu öffentlichen Lustbarkeiten, öffentlichen Versammlungen oder zu ähnlichen Zwecken dienen sollen.

Baulichkeiten, welche ausschließlich für Gottesdienste oder Unterrichtszwecke bestimmt sind, werden von dieser Verordnung nicht betroffen.

Wird für öffentliche Versammlungsräume ein selbständiges Gebäude hergestellt, so muß der Abstand der die Hauptein- und Ausgänge enthaltenden Front von der gegenüberliegenden Straße mindestens 10 m betragen.

Das Gebäude darf gegen die Nachbargrenzen nur an denjenigen Teilen der Umfassungswände Tür- oder Fensteröffnungen erhalten, welche von der Nachbargrenze oder von anderen Bauten auf demselben Grundstück mindestens 6,0 m entfernt bleiben.

Für Versammlungsräume, welche Teile eines im übrigen für anderweite Zwecke bestimmten Gebäudes bilden, kann die Anlage besonderer Flure oder Durchfahrten vorgeschrieben werden, welche mit der Straße in Verbindung stehen und von anderen Teilen desselben Gebäudes durch massive Wände getrennt werden müssen.

Versammlungsräume, welche mehr als 2000 Personen aufzunehmen vermögen, müssen nach verschiedenen Straßenzügen Ausgänge erhalten. Von dieser Forderung kann jedoch Abstand genommen werden, wenn zwischen den Hauptausgängen aus den Versammlungsräumen und einer öffentlichen Straße Vorplätze, Gärten oder Höfe von solchen Abmessungen liegen, daß sie die gesamte Personenzahl bei Annahme von 4 Personen auf 1 qm Grundfläche aufzunehmen vermögen.

Die Umfassungswände und die inneren Wände, soweit sie Durchfahrten, Flure, Treppen und Versammlungssäle umschließen, sind in der Regel massiv oder unverbrennlich herzustellen. Hölzerne Fachwerkskonstruktionen sind zulässig, falls die Gefache ausgemauert werden.

Das äußere Deckmaterial der Dächer muß gegen Übertragung eines Feuers von außen her sicheren Schutz gewähren.

Die vorgeschriebenen Treppen (vergl. S. 106) müssen in besonderen Treppenhäusern liegen und letztere Decken von unverbrennlichem Material erhalten.

Etwaige die Decken der Säle durchbrechende Lüftungsöffnungen oder Oberlichter müssen mit unverbrennlichen, über die Dachfläche hinausgeführten Einfassungen versehen werden. Unterhalb der äußeren Oberlichter sind Drahtnetze anzubringen.

Die Einrichtung von Lagerräumen für feuergefährliche Stoffe, von Fabriken oder Werkstätten für feuergefährliche Betriebe über oder unter Versammlungsräumen ist verboten, auch dürfen derartige Räume nicht mit den für die Versammlungsräume dienenden Korridoren, Treppen, Fluren oder Durchfahrten in Verbindung stehen.

Der Fußboden eines Versammlungsraumes darf nicht höher als 12 m über der Straße liegen.

Über einem Saalparkett sind höchstens zwei Galerien zulässig.

Wird in einem Versammlungsraum die dauernde Einrichtung von Sitzen beabsichtigt, so muß die Breite eines Sitzes mindestens 50 cm und der Abstand der Sitzreihen mindestens 90 cm betragen.

Bei Anordnung von Klappsitzen und bei befestigten Bänken kann der Abstand der Reihen auf 80 cm ermäßigt werden.

Die Zahl der Sitze in ununterbrochener Reihe neben einem Seiten- oder Zwischengang darf im Saalparkett 14, auf Galerien 12 nicht übersteigen. Für Stehplätze dürfen höchstens 3 Personen auf 1 qm Grundfläche gerechnet werden.

Die Breite der Gänge innerhalb des Saalparketts und auf Galerien muß mindestens 90 cm betragen und ist im übrigen nach dem Verhältnis von 1 m auf 120 Personen zu bemessen.

Die nach vorstehenden Bestimmungen zulässige höchste Besucherzahl ist durch die Polizeibehörde festzustellen.

Für Versammlungsräume ohne feste Sitzreihen soll die Personenzahl, nach welcher die Breite der Türen, Korridore, Treppen, Flure und Ausgänge zu bestimmen ist, so ermittelt werden, daß in der Regel auf 1 qm Grundfläche des Saalparketts 2 Personen und auf 1 qm der Galerie 3 Personen gerechnet werden. In einzelnen Fällen können jedoch ausnahmsweise mit Rücksicht auf die Lage und Benutzungsart der Versammlungsräume auf je 10 qm für das Saalparkett 15, für die Galerie 20 Personen gerechnet werden.

Wenn mehrere Versammlungsräume in einem Geschoß oder in verschiedenen Stockwerken gemeinschaftliche Korridore, Treppen, Flure oder Ausgänge haben, so sollen die erforderlichen Breiten derselben der Regel nach in der Weise ermittelt werden, daß die Personenzahl des größten Raumes ganz und die Personenzahl der übrigen Räume zur Hälfte der Berechnung zu Grunde gelegt wird. Es kann jedoch in einzelnen Fällen ausnahmsweise mit Rücksicht auf die Benutzungsart der Versammlungsräume eine geringere Gesamtziffer für die Berechnung zugelassen werden.

Die Anzahl und Breite der Türen ist nach dem Verhältnis von
1 m für 120 Personen bei einer Anzahl bis zu 600 Personen,
1 m „ 135 „ „ „ „ von 600 bis 900 Personen,
1 m „ 150 „ „ „ „ „ über 900 Personen
zu bestimmen.

Wenn die zulässige Zahl der Besucher mehr als 600 Personen beträgt, muß der Versammlungsraum auf mindestens zwei Wandseiten Türen erhalten. Ausgangstüren müssen, nach außen aufschlagend, derart angeordnet werden, daß die geöffneten Flügel nicht in die Korridore und in die Treppenräume vortreten. Ist diese Forderung nicht zu erfüllen, so müssen die Türflügel vollständig herumschlagen und an den Wänden durch selbsttätige Federn festgehalten werden. In solchen Fällen ist aber die vorgeschriebene Mindestbreite der Korridore (S. 106) um die Türflügelbreite zu vergrößern. Die Türverschlüsse müssen so eingerichtet sein, daß sie durch einen einzigen Griff in Höhe von etwa 1,20 m über dem Fußboden von innen leicht zu öffnen sind.

Die Ausgangstüren sind als solche mit großer Schrift kenntlich zu machen und dürfen während der Benutzung eines Versammlungsraumes nicht verschlossen werden.

Die für die Entleerung eines Versammlungsraumes in Betracht kommenden Flure und Korridore müssen mindestens 2,0 m breit sein. Im übrigen gelten für ihre Breiten sowie für die Breiten der Ausgänge die in den Vorschriften für die Türen gegebenen Verhältniszahlen.

Flure und Durchfahrten, welche zu Versammlungsräumen führen, müssen mindestens 3,0 m breit sein und im übrigen nach dem Verhältnis von 1 m für 200 Personen bemessen werden.

Anmerkung. Es ist hierbei zu beachten, daß die Durchfahrten ohne Rücksicht darauf, ob die Versammlungsräume zur Zeit tatsächlich benutzt werden, dauernd für den Personenverkehr freigehalten werden. Sie dürfen also zu keiner Zeit ihrem Zwecke durch Vorkehrungen entzogen werden, welche sie ihrer Eigenschaft als Durchfahrten berauben.

Wenn die Ausgänge aus Versammlungsräumen in einem Seiten- oder Hintergebäude auf einen Hof von solchen Abmessungen führen, daß er die gesamte Personenzahl bei Annahme von 4 Personen auf 1 qm Grundfläche aufzunehmen vermag, so kann die Breite der Flure oder Durchfahrten, welche diesen Hof mit der Straße verbinden, ausnahmsweise dem vorgeschriebenen Verhältnis von 1 m für 200 Personen gegenüber unter der Bedingung ermäßigt werden, daß der Hof in seiner ganzen Fläche lediglich für den Personenverkehr freigehalten wird. Als äußerste zulässige Grenze soll dabei jedoch das Verhältnis von 1 m auf 300 Personen gelten.

Für Versammlungsräume, welche nicht mehr als 300 Personen im ganzen fassen, soll eine Treppe ausreichend sein, welche aus unverbrennlichem Material hergestellt werden, mindestens 1,50 m breit sein und im übrigen nach Verhältnis von 1,0 m für 129 Personen bemessen werden muß.

Für mehr als 300 Personen müssen mindestens zwei Treppen angelegt werden. Die gesamte Treppenbreite ist dann bis zur Anzahl von 900 Personen nach dem Verhältnis von 1 m auf 150 und bei mehr als 900 Personen nach dem Verhältnis von 1 m für 200 Personen zu bestimmen.

Galerietreppen dürfen niemals unmittelbar in den Saal ausmünden. Es sind vielmehr für solche Treppen stets besondere Flure oder Vorräume anzulegen und deren Ausgänge nach Lage und Entfernung voneinander derart anzuordnen, daß bei gleichzeitiger Entleerung von Saal und Galerien Gegenströmungen nicht entstehen können. Bei Galerien von höchstens 30 qm Grundfläche kann die Breite der Treppe auf 1,0 m ermäßigt werden.

Die Räume, in welchen die vorgeschriebenen Treppen liegen, dürfen mit Kellerräumen nicht in unmittelbarer Berührung stehen. Im übrigen gelten folgende Vorschriften:

Freitragende Treppen sind verboten. Bei Treppen mit geraden Läufen dürfen keine Wendelstufen angeordnet werden. — Die Podeste dürfen nicht schmaler sein als die Treppenläufe. — Die Treppenstufen müssen einen Auftritt von mindestens 26 cm haben. Ihre Steigung darf höchstens 18 cm betragen. — Geschwungene Treppen müssen an den schmalsten Stellen mindestens 23 cm Auftritt haben. — Die Treppen sind auf beiden Seiten mit Geländern oder Handläufen zu versehen, welche keine freien Enden haben dürfen. — Verschläge unter Treppen sind verboten. — Bei hölzernen Treppen, soweit diese überhaupt zugelassen werden, müssen die Unteransichten mit Mörtel verputzt werden. — Bei Feststellung der vorschriftsmäßigen Abmessungen einer Treppe soll die Weite, zwischen den Geländern gemessen, maßgebend sein. Für den Fall, daß ein Versammlungsraum vorübergehend mit Bänken, Stühlen oder Tischen besetzt werden soll, sind die für Sitzreihen vorgeschriebenen Gänge (S. 108) freizuhalten und fest abzugrenzen. Reihenweise gestellte Stühle oder Bänke sind mit Innehaltung eines Abstandes von mindestens 90 cm derart miteinander zu verbinden, daß sie einzeln nicht verschoben werden können.

Versammlungsräume, welche eine ständige, mit verbrennlichen Kulissen, Soffiten, Hinterhängen oder Versatzstücken ausgestattete Bühne haben — gleichviel, ob die auf derselben veranstalteten Vorstellungen dem Publikum allgemein zugänglich sind oder nicht —, sollen, sowohl wenn sie für sich ein selbständiges Gebäude, als auch wenn sie nur einen Teil eines im übrigen anderweit benutzten Bauwerks bilden, nicht nach den in diesem Abschnitt, sondern nach den für kleine Theater gegebenen Vorschriften behandelt werden. Es kann jedoch dabei, wenn die Bühne elektrisch beleuchtet und mit einer Regenvorrichtung versehen wird, von der Forderung, daß der Zuschauerraum rings von einem Korridor umgeben sein muß, abgesehen werden.

Anmerkung. Mit Bezug auf die Bühneneinrichtung ist zu beachten: Alle zur Beleuchtung des Bühnenhauses dienende Gasflammen sind mit Drahtkörben oder ähnlichen Schutzvorkehrungen zu versehen. Die Soffitenlampen müssen außer einem Drahtnetz doppelte Schutzbleche mit Luftzwischenraum erhalten und zum Herablassen eingerichtet werden, so daß sie vom Bühnenfußboden aus angezündet werden können. — Zum Anzünden von Gasflammen dürfen nur elektrische Zünder verwendet werden. — Die Verwendung gewöhnlicher Gummischläuche zur Gasleitung, auch für kurze Entfernungen, ist verboten. — Es dürfen nur undurchlässige, auf die Rohre mit Gewinden aufzuschraubende Spiralschläuche verwendet werden. — Die Gasmesser müssen in einem von massiven Wänden und unverbrennlichen Decken umschlossenen Raum, welcher unmittelbar von außen Luft und Licht erhält, aufgestellt werden. — Die Verwendung von Gas zu szenischen Zwecken bedarf der besonderen Genehmigung. — Jede Bühne muß direkten Ausgang ins Freie haben.

Die höchste in einem derartigen, mit ständiger Bühne ausgestatteten Versammlungsraum, und zwar im Saalparkett und auf Galerien, im ganzen zulässige Personenzahl darf 800 nicht überschreiten.

Solche Versammlungsräume, welche nur ein mit unverbrennlichen Kulissen, Soffiten, Hinterhängen oder Versatzstücken sowie mit einem Vorhang aus schwer entflammbarem Stoff ausgestattetes Podium ohne Versenkung, Schnürboden und Schnürgalerie haben, sollen nach den hier gegebenen Vorschriften, jedoch mit der Maßnahme behandelt werden, daß die Lage und Breite der Gänge und Türen im Zuschauerraum nach dem Verhältnis von 1 m auf 90 Personen und die Breite von Korridoren, Treppen, Fluren und Ausgängen nach dem Verhältnis von 1 m für 120 Personen festgestellt werden.

Zur Beleuchtung von Versammlungsräumen ist außer elektrischem und Gaslicht die Verwendung von Pflanzenölen und Kerzen zulässig.

Die Verwendung von Mineralölen ist nur mit besonderer Erlaubnis gestattet.

Bestimmung für Säle mit kleineren Bühnen. (Kleine Theater.) Wird Gasbeleuchtung gewählt, so ist zu beachten: Die Gasleitungen für das Zuschauerhaus, den Zuschauerraum und die übrigen Teile des Zuschauerhauses sowie für den Bühnenraum und die übrigen Teile des Bühnenhauses sind in getrennten Gruppen anzulegen und die Absperrvorrichtungen so anzuordnen, daß sie von Unbefugten nicht erreicht werden können. Die Verwendung von Bleiröhren ist unzulässig. Die Leitungen sind derart zu verlegen, daß sie gegen jede zufällige Beschädigung geschützt, aber für Untersuchung und Ausbesserung leicht zugänglich sind. Überall, auch in den Ankleideräumen, sind nur unbewegliche Gasarme zulässig.

Die Entfernung zwischen Gasflammen und brennbaren Stoffen muß, in senkrechter Richtung nach oben gemessen, mindestens 1 m und in seitlicher Richtung mindestens 60 cm betragen. Falls die Entfernungen nicht innegehalten werden können, müssen Schutzbleche angebracht werden. Dieselben dürfen jedoch niemals auf verbrennlicher Unterlage befestigt werden. — Decken-Kronleuchter müssen doppelte Befestigung erhalten.

Die im Zuschauerraum sowie auf Gängen und Treppen befindlichen Beleuchtungskörper müssen mit ihrer Unterkante mindestens 2 m über dem Fußboden liegen.

In Versammlungsräumen ist eine ausreichende Notbeleuchtung nach näherer Angabe der Polizeibehörde einzurichten.

Bestimmungen in Bezug auf Wasserversorgung, Feuerlöscheinrichtungen und Stellung einer Feuerwache sowie auf die Aushängung von Grundrißplänen bleiben dem Ermessen der Polizeibehörde überlassen.

Bei Baulichkeiten, welche nur für vorübergehende Benutzung errichtet werden, finden von den vorstehenden Vorschriften die auf eine schnelle und gefahrlose Entleerung sowie auf die Errichtung und Unterhaltung einer Notbeleuchtung abzielenden Vorschriften Anwendung, während die Festsetzung der sonstigen baulichen und Betriebsforderungen in jedem einzelnen Falle dem Ermessen der Polizeibehörde anheimgegeben bleibt.

J. Einrichtung und Betrieb von Aufzügen (Fahrstühlen).

Als Aufzüge (Fahrstühle) sind solche Aufzugseinrichtungen anzusehen, deren Fahrkörbe, Kammern oder Plattformen zwischen festen Führungen bewegt werden. (Ausgenommen sind Schachtaufzüge in Bergwerken und Versenkvorrichtungen in Theatern.)

Die Aufzüge werden eingeteilt in:

1. Personenaufzüge, einschließlich derjenigen Lastenaufzüge, auf denen Führer mitfahren dürfen;
2. Lastenaufzüge.

Allgemeine Bestimmungen. Aufzüge sollen, soweit der Betrieb dies zuläßt, im Freien oder an der Außenfront der Gebäude oder in von massiven Wänden umschlossenen Treppenhäusern oder Lichthöfen angelegt werden und bedürfen unter dieser Voraussetzung keiner massiven oder unverbrennlichen Umschließung der Fahrbahn. Sollen dagegen im Innern von Gebäuden übereinander gelegene Räume durch Aufzüge verbunden werden, so muß die Fahrbahn der Regel nach in ihrer ganzen Ausdehnung durch massive oder dichte Wände aus unverbrennlichem Material abgeschlossen werden. Die Schächte müssen an ihrem oberen Ende unverbrennlich abgedeckt oder mindestens 20 cm über Dach geführt werden. In letzterem Falle kann der

Schacht durch Glas mit darunter befindlichem Drahtgitter abgedeckt werden, doch muß er alsdann mit Lüftungsöffnungen versehen werden.

Als unverbrennliche Wände gelten bis auf weiteres nur Rabitz- oder Monnierwände.

Hinsichtlich der Vorschrift massiver, dichter und unverbrennlicher Schachtwände sind ausgenommen:

1. Aufzüge, welche im Innern von Gebäuden Galerien verbinden.
2. Aufzüge, die nur zwei Geschosse verbinden, sofern die Fahrbahn an ihrer oberen Mündung einen feuersicheren Abschluß erhält, der auch aus Deckel- und Klappverschlüssen bestehen darf.
3. Aufzüge, welche Kellergeschosse mit dem Erdgeschoß verbinden, sofern die Fahrbahn wie unter 2 abgeschlossen ist.
4. Kleine Aufzüge (nicht betretbare Aufzüge für Speisen, Akten, kleine Erzeugnisse der Industrie u. dergl.).

Durchbrechungen von Decken außerhalb der Fahrbahn zum Zweck der Durchführung von Gegengewichten, Seilen, Ketten, Steuerungseinrichtungen u. dergl. sind, sofern der Querschnitt der Öffnungen größer als 100 qcm ist, den Aufzugschächten gleich auszuführen.

Lichtöffnungen sind in den Wandungen auch solcher Fahrschächte zulässig, welche massiv oder unverbrennlich umschlossen sein müssen.

Lichtöffnungen müssen in denjenigen Wänden, welche nach dem Freien zu liegen, durch Fenster verschlossen werden, welche von Unbefugten nicht geöffnet werden können. Lichtöffnungen in Wänden oder Zugangstüren, welche den Fahrschacht nach Innenräumen zu begrenzen, müssen durch Drahtglas von mindestens 10 mm Stärke dicht und fest abgeschlossen werden. In letzteren Fällen dürfen die Lichtöffnungen eine Größe von 0,50 qm in jedem Geschoß nicht übersteigen.

Zugangsöffnungen zu massiv oder unverbrennlich umschlossenen Fahrschächten müssen einen feuersicheren Abschluß erhalten. Als feuersicher gelten auch hölzerne Abschlußvorrichtungen, welche beiderseitig mit Eisenblech beschlagen sind.

Der von dem Fahrkorb bestrichene Raum darf nicht zur Ablagerung von Gegenständen benutzt werden.

Die Fahrbahn muß gegen die Umgebung derart abgeschlossen sein, daß Menschen weder sich in die Fahrbahn hineindrängen noch durch ungeschützte Förderöffnungen in den Fahrschacht hinabstürzen können.

Türen zu Aufzugsschächten dürfen nicht in die Fahrbahn hineinschlagen; Türen in Fahrkörben dürfen nicht aus der Fahrbahn herausschlagen.

Die Umwehrungen der Fahrbahn müssen der Regel nach aus einem nicht brennbarem Material hergestellt werden. Bestehen dieselben aus Drahtgeflecht, so darf dieses eine Maschenweite von höchstens 2 cm besitzen.

Jeder Aufzug, der eine größere Förderhöhe als 2 m besitzt und zum Zweck der Be- und Entladung betreten werden kann oder zur Personenbeförderung dient, muß entweder eine Fangvorrichtung oder eine unmittelbare, am Fahrkorb angebrachte Senkbremse, die ihn mit gefahrloser Geschwindigkeit niedergehen läßt, besitzen und muß so eingerichtet sein, daß eine im voraus für die Anlage bestimmte größte Geschwindigkeit nicht überschritten werden kann.

Jeder Aufzug muß mit mindestens einer Vorrichtung versehen sein, die ihn in seinen Endstellungen selbsttätig zum Stillstand bringt.

Die Vorräume der Aufzüge und die von Personen benutzten Fahrkörbe müssen während der Zeit ihrer Benutzung ausreichend durch Tageslicht oder künstliches Licht beleuchtet sein.

Besondere Bestimmungen. Personenaufzüge und solche Lastenaufzüge, auf denen Führer mitfahren dürfen.

Die Fahrkorbdecke muß so beschaffen sein, daß sie Schutz gegen herabfallende Teile des Triebwerks gewährt.

Verschlußtüren am Fahrkorb sind nicht erforderlich, wenn die Schachtwände an den Zugangsseiten des Fahrkorbes in voller Geschoßhöhe durchgeführt, völlig glatt und nicht mehr als 5 cm vom Fahrkorb entfernt sind. (Drahtwände von nicht mehr als 2 cm Maschenweite gelten als glatte Wände.)

Jede Zugangstür darf nur geöffnet werden können, wenn der Fahrkorb dahinter steht und zur Ruhe gebracht ist.

Seile, Ketten und dergl. müssen so berechnet werden, daß nach dem Bruch eines der Tragorgane die übrigen mit nicht mehr als einem Drittel ihrer Bruchfestigkeit beansprucht werden. — Bei Seilen ist die höchste im Querschnitt entstehende Spannung aus der Zug-

und Biegungsspannung zusammenzusetzen, welch letztere am Berührungspunkt von Seil und Rolle eintritt.

Jeder durch Fördertrommel bewegte Aufzug muß mit einer Schutzvorrichtung gegen Hängeseil versehen sein. — Jeder Fahrkorb, dessen Fahrbahn durch dicke Wandungen umschlossen wird, muß mit einer außerhalb des Fahrschachtes hörbaren Signalvorrichtung und einem im Innern des Fahrkorbes anzubringenden deutlichen Hinweis auf diese Einrichtung versehen sein. — An jeder Zugangstür zum Fahrschacht und zum Innern des Fahrkorbes ist ein Schild anzubringen, welches in deutlicher Schrift das Wort: „Personenaufzug", sowie die zulässige Belastung einschließlich des Führers in Kilogramm, die Zahl der gleichzeitig zu befördernden Personen und die Vorschrift angibt, daß der Fahrstuhl nur in Begleitung eines Führers benutzt werden darf.

Als Gewicht einer Person ist 75 kg anzunehmen.

Lastenaufzüge. Der Förderkorb muß bei Aufzügen, deren Fahrbahn nicht in ganzer Ausdehnung von Schacht- oder Gitterwänden umschlossen ist, derartig beschaffen sein, daß das Ladegut nicht herausfallen kann.

Jede Ladeöffnung muß mit einem Verschluß versehen sein.

Bei Ladeöffnungen, deren Verschlüsse fest sind, ist ein Verbot, betreffend das Hineinlehnen in den Fahrschacht, anzubringen.

K. Grundzüge für Polizeiverordnungen, betreffend die Arbeiterfürsorge auf Bauten.

1. Die Bestimmungen unter Ziffer 2 bis 5 finden Anwendung:

a) bei Hochbauten, wenn einschließlich der Poliere und Lehrlinge mehr als 10 Personen zur Zeit der Rohbauabnahme gleichzeitig auf dem Bau beschäftigt sind. (Während der Rohbauausführung vorübergehend beschäftigte Arbeiter, wie Zimmerleute und Staker, werden nicht in diese Zahl eingerechnet);

b) bei Tiefbauten, welche von Unternehmern ausgeführt werden, wenn an einer bestimmten Stelle des Baues mehr als 10 Personen länger als eine Woche beschäftigt werden.

2. Zur Unterkunft für die an Bauten beschäftigten Arbeiter bei ungünstiger Witterung und in den Ruhepausen müssen Räume geschaffen werden, welche im Mittel mindestens 2,20 m im Lichten hoch, mit Wänden umschlossen und mit einem Dache versehen sind, und deren Grundfläche derart bemessen sein muß, daß auf jeden am Bau dauernd beschäftigten Arbeiter eine Fläche von mindestens 0,75 qm entfällt. Der betreffende Raum ist mit einem festen, trockenen Fußboden zu versehen, muß auf Erfordern auch geheizt werden können.

Für dauernd auf dem Bau beschäftigte Arbeiter sind in den Unterkunftsräumen Sitzplätze anzubringen. Baumaterialien irgend welcher Art dürfen in diesen Räumen nicht lagern.

Bei Tiefbauten müssen die Unterkunftsräume so gelegen sein, daß der Beschäftigungsort eines jeden Arbeiters von der Unterkunftsstätte in der Regel höchstens 750 m entfernt ist. — Für schwimmende Unterkunftsräume findet die Vorschrift über die notwendige Höhe keine Anwendung.

3. Bei Hochbauten müssen für die in Ziffer 1 bezeichneten Personen Aborte in solcher Zahl vorhanden sein, daß ein Abort für höchstens 25 Personen dient. Die Aborte müssen derart eingerichtet sein, daß von außen nicht hineingesehen werden kann. Für Tiefbauten kann die Baupolizeibehörde die Herstellung solcher Aborte fordern. Für die nach Ziffer 3 herzustellenden Aborte dürfen keine durchlässigen Gruben angelegt, sondern die Aborte müssen entweder an eine öffentliche Entwässerungsanlage angeschlossen werden, oder es müssen wasserdichte Tonnen, welche nach Bedarf rechtzeitig fortzuschaffen und durch leere, mittelst Kalkanstriches desinfizierte Tonnen zu ersetzen sind, aufgestellt werden. Diese Tonnen sind durch Sitz- und Stoßbretter zu verdecken. Bei freier, von Wohngebäuden entfernter Lage kann die Herstellung einer Erdgrube gestattet werden.

5. Die Unterkunftsräume für die Arbeiter und die Aborte müssen genügend erhellt sein und sind stets in reinlichem Zustande zu halten. Vom 15. November bis 15. März dürfen Stukkateur-, Putz- und Töpferarbeiten in Neubauten nur dann ausgeführt werden, wenn die Räume, in denen gearbeitet wird, durch Türen und Fenster verschlossen sind. Die nur vorläufige Anbringung derartiger Verschlüsse ist für genügend zu erachten.

6. In Räumen, in denen offene Koksfeuer ohne Ableitung der

entstehenden Gase brennen, darf nicht gearbeitet werden. Solche Räume sind gegen andere, in denen gearbeitet wird, dicht abzuschließen. Sie dürfen nur vorübergehend von den die Kokskörbe beaufsichtigenden Personen betreten werden.

Hinsichtlich der privatrechtlichen Sicherstellung der Fürsorge der Bauunternehmer für das Wohl der Arbeiter während der Bauausführungen wird auf die vom Minister der öffentlichen Arbeiten unter dem 17. Juli, bezw. 7. November 1885 erlassenen „Allgemeinen Vertragsbedingungen für Hochbauten" (Min.-Bl. S. 155 und 240) und unter dem 28. Juni und 19. August 1897, sowie unter dem 29. September 1897 (Min.-Bl. S. 190) verwiesen.

L. Allgemeine baupolizeiliche Vorschriften für den durch Bauschein genehmigten Entwurf.

1. Für die Ausführung sind die genehmigten Zeichnungen und Berechnungen sowie die mit grüner Farbe eingetragenen Änderungen maßgebend.

2. Notwendige Durchfahrten müssen überall zwischen den weitesten Ausladungen, ausschließlich der Radabweiser (Bordschwellen) 2,30 m im Lichten breit und 2,80 m im Lichten hoch sein.

3. Zwischen den Radabweisern soll die Sohlenbreite der Durchfahrt mindestens 2,0 m betragen. Die Radabweiser müssen nach oben so abgeschrägt werden, daß in einer Höhe von 25 cm über der Fahrbahn eine freie Durchfahrtsbreite von mindestens 2,30 m verbleibt.

4. Ein Grundstück mit notwendiger Zu- oder Durchfahrt muß in seiner Höhenlage so reguliert werden, daß es von der Straße aus für das Feuerlösch- und Rettungswesen überall befahren werden kann.

5. Bei Öffnungen in Brandmauern sind die auf S. 95 gegebenen Vorschriften zu beachten. Die Türen müssen gegen gemauerte Schwellen und in Mauerfalze schlagen.

6. Ziegel- und Schieferdächer müssen zum Schutz gegen das Herabrutschen von Eis und Schnee in der Ausdehnung der Traufen mindestens 20 cm hohe Schneebretter oder Schneefangeisen haben.

7. Alle Vorbauten eines Gebäudes, welche mehr als 30 cm vortreten, müssen von Nachbargrundstücken das 1½fache ihrer

weitesten Ausladung, unten gemessen, wenigstens aber 1 m und voneinander das $1^1/_2$fache der Summe ihrer größten Ausladung entfernt bleiben. Risalite, geschlossene Vorbauten anderer Art und Erker an demselben Gebäude müssen mindestens 4,0 m voneinander entfernt bleiben.

8. Balkone an Höfen und offene Galerien, die seitlich unter 2,50 m von der nachbarlichen Grenze entfernt liegen, sind gegen diese durch eine unverbrennliche, mindestens 2 m hohe Wand abzuschließen. (Öffnungen sind nicht statthaft.) Offene Balkone nach der Straße müssen an die Kanalisation angeschlossen werden. Sie sind so abzuwässern, daß allseitig das Wasser gleichzeitig abfließt.

9. Querstangen vor den Schaufenstern dürfen bis zu 20 cm vortretend nur dann an den Bürgersteigen angeordnet werden, wenn letztere mindestens 3,0 m breit sind. Aufrechtstehende Vergitterungen und Kellerlichtschachte, bis zu 30 cm vortretend nach der Straße, sind nur bei über 3,0 m breiten Bürgersteigen zulässig.

10. Die Türen, welche von Lager- und Fabrikräumen nach den feuerfesten Treppen führen, müssen feuersicher und selbsttätig schließend ausgeführt werden.

11. Wrasenrohre müssen für eine oder zwei Küchen einen Querschnitt von 250 qcm haben, für jede weitere Küche tritt eine Vergrößerung um 50 qcm ein.

12. Soll die Reinigung der Schornsteine vom Dach aus erfolgen und soll die Dachfläche auf die Länge von 5,0 m mehr als 1,0 m Steigung haben, so muß neben den einzeln liegenden engen Schornsteinen bezw. neben jedem mehrfachen Schornsteinkasten mit engen Röhren eine Aussteigeöffnung in der Dachfläche angelegt werden. Die Verschlußklappe muß seitwärts aufschlagen und sich feststellen lassen.

13. Wasserklosetts sind nur da statthaft, wo ein Anschluß an die Kanalisation möglich ist.

14. Bedürfnisanstalten, die von den Treppenpodesten aus zugänglich sein sollen, müssen feuerfeste Wände, Fußböden und Decken aus feuerfestem Material haben.

15. Bei Neubauten und größeren Instandsetzungsarbeiten, falls die Gebäudehöhe mehr als 6,0 m beträgt und die Dachflächen auf die Länge von 5 m mehr als 1 m ansteigen, müssen während der Herstellung der Dachdecker- und Klempnerarbeiten unterhalb der Dachgesimse (nicht tiefer als 1 m unter denselben) mindestens 1 m breite Gerüste angebracht werden. Dieselben sind mit Brettern dicht zu belegen und mit einer mindestens 60 cm hohen Brüstung zu versehen.

Hinsichtlich der Konstruktion und des Materials ist zu beachten:

16. Die Fundamente sind mindestens 50 cm unter Kellersohle, bei Gebäuden ohne Keller mindestens 1,0 m unter Erdlinie hinabzuführen. Sie müssen so breit angelegt werden, daß guter Baugrund mit höchstens 25 000 kg für 1 qm belastet wird. — Für Fundamente, welche im Bereich des Grundwassers liegen, ist Zementmörtel oder hydraulischer Kalk zu verwenden. — Unzulässig ist ein nachträgliches Ausheben von Erde unterhalb der Bankettoberkante.

17. Mauerpfeiler und Mauerteile unter eisernen Stützen sind aus bestem Ziegelmaterial in reinem Zementmörtel aufzuführen. Auflagermauerwerk für eiserne Träger muß mindestens 8 Schichten hoch unter denselben aus gleichen Materialien bestehen.

18. Bögen, die ungleichmäßig belastet sind, müssen zum Zweck gleichmäßiger Verteilung der Last mit eisernen Trägern überdeckt werden.

19. Wände von 1/2 Steinstärke, sofern sie durch mehrere Geschosse gehen, sind in reinem Zementmörtel aufzuführen.

20. Drahtputzwände müssen in ihren Eisenkonstruktionen vor der Rohbauabnahme aufgestellt werden.

21. Werksteintreppen müssen Tragwände von mindestens 38 cm Stärke erhalten.

22. Für nebeneinander liegende eiserne Träger sind gemeinschaftliche Unterlagsplatten anzuordnen. Träger und Wellbleche sind stets neben die Wangen der Schornstein- und Lüftungsrohre zu legen. Wenn Podestkappen gegen 1 1/2 Stein starke Frontwände oder nicht ausreichend belastete Innenwände treffen, so müssen 15 cm hohe T Träger davorgelegt werden. Derartige Träger dürfen

nicht auf Türbögen ruhen. — Die Verwendung von Eisenbahnschienen ist nicht zulässig.

23. Die Trägerwellbleche, sofern sie als feuerfeste Fußböden oder Decken dienen sollen, müssen mit Beton ausgefüllt und an der höchsten Stelle mit einer 5 cm starken Überdeckung desselben Materials versehen werden. (Hierbei muß die durch Rechnung ermittelte Blechstärke um 1 mm vergrößert werden.) — Durchfahrts- und Hofkeller, auch Keller, deren Decken tiefer als die Erdlinie liegen, dürfen nicht mit Wellblech überdeckt werden. Derartige Kellergewölbe müssen durchweg 1 Stein stark sein.

24. Eiserne Stützen und freiliegende Unterzüge, soweit dies in der Bauzeichnung baupolizeilicherseits bezeichnet ist, müssen glutsicher ummantelt werden.

25. Fahnenstangen bedürfen der Genehmigung. Sie müssen aus Schmiedeeisen bestehen, sicher befestigt und mit Blitzableiter versehen sein. Letzterer ist an der Hoffront hinabzuführen und auf eine Höhe von 2,30 m gegen Beschädigung zu schützen.

Wenngleich die vorstehend aufgeführten Verordnungen nicht allgemein eingeführt sind, so enthalten sie doch so viele nachahmenswerte Vorschriften über die Ausführung von Bauten, daß sie durchweg willkommene Anhaltspunkte beim Entwerfen von Gebäuden aller Art bieten.

Sachregister.

Die Zahlen bedeuten die Seiten.

GPSR Compliance

The European Union's (EU) General Product Safety Regulation (GPSR) is a set of rules that requires consumer products to be safe and our obligations to ensure this.

If you have any concerns about our products, you can contact us on ProductSafety@springernature.com

In case Publisher is established outside the EU, the EU authorized representative is:

Springer Nature Customer Service Center GmbH
Europaplatz 3
69115 Heidelberg, Germany

Batch number: 10844675

Printed by Printforce, the Netherlands